抽水蓄能电站招标采购
典型案例库

国网新源物资有限公司　组编

中国电力出版社
CHINA ELECTRIC POWER PRESS

内 容 提 要

《抽水蓄能电站招标采购典型案例库》是基于抽水蓄能电站招标采购工作，通过全面梳理采购过程中常见问题，归纳形成典型问题案例，通过解读分析给出其依法合规操作思路、方法，旨在进一步提升招标采购全过程管控与风险防控水平，提高抽水蓄能电站招标采购管理水平。本丛书涵盖采购计划上报、招标（采购）文件编制与审查、招标（采购）公告发布、开标、评标、中标结果公示与异议处理等环节常见典型问题案例。

本丛书可作为抽水蓄能电站招标采购指导用书，亦可为其他行业招标采购工作提供借鉴。

图书在版编目（CIP）数据

抽水蓄能电站招标采购典型案例库 / 国网新源物资有限公司组编. —北京：中国电力出版社，2023.11
ISBN 978-7-5198-8217-4

Ⅰ. ①抽… Ⅱ. ①国… Ⅲ. ①抽水蓄能水电站–招标–采购管理–案例–中国 Ⅳ. ①TV743

中国国家版本馆 CIP 数据核字（2023）第 198452 号

出版发行：中国电力出版社
地　　址：北京市东城区北京站西街 19 号（邮政编码 100005）
网　　址：http://www.cepp.sgcc.com.cn
责任编辑：雍志娟
责任校对：黄　蓓　朱丽芳
装帧设计：郝晓燕
责任印制：石　雷

印　　刷：廊坊市文峰档案印务有限公司
版　　次：2023 年 11 月第一版
印　　次：2023 年 11 月北京第一次印刷
开　　本：710 毫米×1000 毫米　16 开本
印　　张：6.5
字　　数：86 千字
印　　数：0001—1000 册
定　　价：58.00 元

编 委 会

主 任 崔智雄

副主任 彭弸夙

编 写 组

组 长 赵 文

成 员 王彦丽 吴奇斓 崔艺博 尹文中

要雨汐 聂策文 孙 哲 刘林梅

贾凯凯 陈嘉祺

前　言

根据国家能源局发布《抽水蓄能中长期发展规划（2021—2035 年）》，明确了抽水蓄能发展目标、规划布局和重点任务，提出 2030 年抽水蓄能投产总规模达 1.2 亿 kW 左右，抽水蓄能迎来高速发展期。抽水蓄能的迅猛发展，对物力保障提出更高要求。招标采购工作是物力集约化体系的重要环节，是抽水蓄能安全健康发展的坚实物力保障。

为进一步提升抽水蓄能电站物力集约化管理工作质效，加强招标采购全程管控和风险防控水平，有效提高招标采购工作效率，本丛书基于抽水蓄能电站招标采购特点和管理要求出发，对采购计划管理、招标（采购）文件编制与审查、招标（采购）公告发布、开标、评标、中标结果公示与异议处理等环节全面梳理，形成抽水蓄能电站招标采购典型案例，每个案例包括案例情景、解读分析和防控措施三个方面，力求将实务操作与理论知识融合并举，对进一步提升招投标采购管理水平具有较强的指导作用。

鉴于编制时间和经验水平有限，书中不足之处在所难免，恳请各位专家、读者批评指正。

编者

2023 年 11 月

目　录

第一章

采购计划提报、审批与变更典型案例

  按照规定，采购项目需列入公司年度投资计划、达到相应的设计深度要求。采购项目所需物资及服务，须通过企业资源管理系统（ERP）申报需求计划，进行全流程管控，采购计划经本部物资部组织项目主管部门审查后实施采购。本章包含技术规范 ID 报送、物料编码的选用、采购范围与采购批次对应关系、采购申请估算金额等信息的填报等六个案例。

案例一 技术规范 ID 报送错误

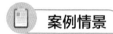 **案例情景**

某项目单位技术规范书在电子商务平台创建完成后未提交审核或上传到电子商务平台的技术规范书错误、在 ERP 采购申请中技术规范书 ID 号书写格式不规范（例如缺少技术规范书 ID 号数字中间的 " – " 号）、技术规范书 ID 号编辑错误（ID 号位数或数字不正确）或上报的 ID 号所对应的技术规范书与实际采购项目不符，导致技术规范书审核人员无法审批相关信息。

解读分析

技术规范书 ID 号是 ERP 系统采购申请与电子商务平台技术规范书唯一的关联识别信息，技术规范书 ID 号错误会导致采购申请无法匹配对应的技术规范书，造成供应商无法获取技术规范书或获取错误的技术规范书，严重影响招标采购工作顺利开展。

防控措施

（1）项目单位采购计划上报人员在电子商务平台完成技术规范书创建后，务必进行提交操作。

（2）技术规范书 ID 号整体复制、粘贴，避免手工录入造成错误。

（3）计划审查人员在采购申请审核阶段严格按照流程进行技术规范书 ID 号审核、校验等工作，对错误的技术规范书 ID 号进行修正。

（4）项目单位在发标前应对电子商务平台下载的技术规范书进行核实，确保技术规范书 ID 号对应的技术规范书与采购项目相符。

案例二　选用的物料编码与实际需求物资不符

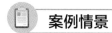 **案例情景**

某单位上报的采购计划中物料编码选用错误，或由于未提前申请所需物料编码，套用相近的物资编码，导致物料编码的物料描述与技术规范书中供货清单物资不符、电子商务平台上报的物资信息与招标文件中供货清单物资描述不一致，影响供应商投标报价，产生大量澄清补遗。

解读分析

招标项目在电子商务平台发布招标公告后，供应商会在电子商务平台看到物料编码及物料描述信息，物料描述信息与招标文件供货清单物资不符，将对供应商报价造成困难。

国家电网有限公司标准物料对应的是标准技术规范书模板，物料编码选用错误，会造成购买的物资与实际需求不符而无法使用，严重影响工程进度，造成经济损失。

防控措施

（1）各项目单位需求部门人员加强对 MDM 主数据体系学习，熟练掌握电网物料、通用物料、水电物料的大、中、小三类分类体系，提高物料编码的选用水平。

（2）各项目单位根据所需物资技术参数选择相符的物料编码，对于系统中没有的物料要提前申请增加。

案例三　采购范围与采购批次不符

案例情景

某项目单位在二级采购批次计划申报中，有环境实时监测设备购置项目，但其采购内容为电源项目内容，且小类、实施范围、备注无特别说明。

解读分析

国家电网有限公司集中采购目录与国网新源集团集中采购目录有严格的界限划分，采购计划批次选择错误，报送的采购计划会被退回，错过采购批次时间节点，将会影响项目招标采购进程，进而延误工程建设工期，同时也会被上级单位通报考核。

防控措施

（1）国家电网有限公司和国网新源集团集采目录划分是以国网 MDM 主数据平台分类体系为依据，上报计划前项目单位要认真核对所选物料编码对应的大、中、小三类描述所属的集采目录。同时应及时查看国网各类审查要点中相应的采购范围说明。

（2）部分物料编码描述比较宽泛，对于目前国家电网有限公司和国网新源水电超市化物资目录没有涵盖的，所选用的物料编码又属超市化物资的，需求单位在上报采购计划时要附上说明。

（3）计划审查专家应在审查会期间严格把控项目单位申报情况，对于填报错误的应及时退回修改。

案例四 ERP 物料编码与电子商务平台技术规范 ID 物料编码不一致

案例情景

某项目单位在报送 ERP 采购申请时，物料编码与电子商务平台对应的技术规范书 ID 号中包含的物料编码不一致。

解读分析

项目单位在创建 ERP 采购申请时，尤其是服务类招标项目，没有选用与电子商务平台技术规范 ID 中相同的物料（服务）编码，导致采购申请物料编码与技术规范 ID 中包含的物料编码不一致，影响计划上报准确率，增加通报考核风险。

防控措施

（1）各项目单位在选择物料编码时，应尽量在 MDM 主数据平台根据物资的特征项、特征值查询所需的物资，简便、直观、高效率地完成物料编码选择。

（2）货物类非标准物料物资采购，每个项目如果包含多条 ERP 采购申请信息，可以使用一个主要设备的物料编码创建技术规范书 ID 号，对于服务类项目，基本上是一个项目对应一个服务编码，必须保证在电子商务平台创建技术规范书所使用的服务编码与 ERP 采购申请的服务编码一致。

案例五　采购申请估算金额等信息填报不准确

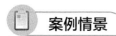 **案例情景**

某项目批次计划上报估算金额为 750 万元，实际成交金额为 26.33 万元，合同签订金额与估算金额相差较大。

解读分析

项目单位未准确按照实际采购需求的范围评估预算金额、申报计划，对采购文件与计划的一致性重视不够。申报计划单位未在计划申报前准确评估测算该框架采购内容的估算金额和实际需求次数，未准确填报估算金额，导致计划估算金额与中标价出现数量级差异。

防控措施

应提升对采购文件采购范围、计划两者之间一致性的重视，严格按照实际采购需求对价格进行前期调研，评估项目金额、申报计划，若采购范围或服务期有变化时，应及时调整相应的估算金额。

案例六　单一来源理由不充分

案例情景

项目单位采购某台设备，上报采购计划时以向原供应商采购配套为由，选择单一来源采购，主管部门审核后，认为该设备有统一的行业标准，在市场上有多家供应商可以进行供货，不符合单一来源条件。

解读分析

单一来源采购是指采购人就某一采购标准与单一供应商进行谈判，确定成交价格以及其他技术、商务条件的一种采购方式。确定采用单一来源方式的项目，应保证单一来源理由充分。

防控措施

单一来源采购适用情形：

（1）只能从唯一的供应商处采购的，包括需要采用不可替代的专利或专有技术的。

（2）为了保证采购项目与原采购项目技术功能需求一致或配套的要求，需要继续从原供应商处采购的。

（3）因抢险救灾等不可预见的紧急情况需要进行紧急采购的。

（4）为执行创新技术的研发及推广运用，提高重大装备国产化水平等国家政策，需要直接采购的。

（5）涉及国家秘密或企业秘密不适宜进行竞争性采购的。

第二章

招标（采购）文件编制
与审查典型案例

　　招标（采购）文件是指公司为进行招标（采购）编制的包括招标
（采购）项目的技术要求、对投标（应答）人资格审查的标准、投标
（应答）报价要求和评标（评审）标准等所有实质性要求和条件，以
及拟签订合同的主要条款的文件。招标（采购）文件作为招标采购工
作中重要的文件组成，应根据项目特点和实际需求进行编写合同文
件、技术文件和报价文件，并保证文件的正确性、一致性、合规性与
合理性。本章包含招标（采购）文件中专用资格要求的设定、业绩主
体的设置、项目类型与采购内容的对应关系、技术规范中技术参数、
星号条款的设置等十七个案例。

案例一 未按照或低于国家强制规定资质级别设定资质

案例情景

某电站厂房消防设施改造工程项目中资质明确要求"具有住房城乡建设主管部门颁发的消防设施工程专业承包二级及以上资质"，而该项目的技术文件中给出厂房的单体建筑面积为 6.4 万平方米，与承包资质要求不符。

解读分析

该案例资质要求"具有消防设施工程专业承包二级及以上资质"，而消防设施工程专业承包二级资质的承包工程范围为"单体建筑面积 5 万平方米以下的下列消防设施工程的施工"，招标人设置资质时未考虑到该项目的实际情况（单体建筑面积为 6.4 万平方米）和资质的承揽范围，从而导致了资质设置低于国家的强制规定。针对本项目资质应当设置为"具有住房城乡建设主管部门颁发的消防设施工程专业承包一级资质"。

《建筑业企业资质等级标准》中规定，消防设施工程专业承包资质承包工程范围为：

一级资质：可承担各类型消防设施工程的施工。

二级资质：可承担单体建筑面积 5 万平方米以下的下列消防设施工程的施工：

（1）一类高层民用建筑以外的民用建筑；

（2）火灾危险性丙类以下的厂房、仓库、储罐、堆场。

📋 **防控措施**

招标人在设置投标人资格要求时，不仅要选择合适的资质证书要求，还要结合项目实际确定资质等级，避免出现未按照或低于国家强制规定资质级别设定资质的情况，《中华人民共和国招标投标法》相关规定如下：

《中华人民共和国招标投标法》第十八条 招标人可以根据招标项目本身的要求，在招标公告或者投标邀请书中，要求潜在投标人提供有关资质证明文件和业绩情况，并对潜在投标人进行资格审查；国家对投标人的资格条件有规定的，依照其规定。

招标人不得以不合理的条件限制或者排斥潜在投标人，不得对潜在投标人实行歧视待遇。

《中华人民共和国招标投标法》第十九条规定：**招标人应当根据招标项目的特点和需要编制招标文件。招标文件应当包括招标项目的技术要求、对投标人资格审查的标准、投标报价要求和评标标准等所有实质性要求和条件以及拟签订合同的主要条款。**

国家对招标项目的技术、标准有规定的，招标人应当按照其规定在招标文件中提出相应要求。

《中华人民共和国招标投标法实施条例》第二十三条规定：招标人编制的资格预审文件、招标文件的内容违反法律、行政法规的强制性规定，违反公开、公平、公正和诚实信用原则，影响资格预审结果或者潜在投标人投标的，依法必须进行招标的项目的招标人应当在修改资格预审文件或者招标文件后重新招标。

案例二　使用国家已取消的企业资质或人员执业资格

案例情景

① 某电站工程施工监理项目于 2023 年 1 月发布招标公告，其资质要求中明确人员要求为"总监理工程师具有住房城乡建设主管部门颁发的注册监理工程师执业资格证书或水利部颁发的总监理工程师资格证书"。

② 某电站电梯采购与安装项目招标公告资格要求"安装承包商须具有建设行政主管部门颁发的电梯安装工程专业承包二级及以上资质"。招标公告发出后，投标人就此问题发出澄清："电梯安装工程专业承包资质国家已经取消，为何还设置？"，招标人在调查确认后，对该项目资质进行修改并重新发布招标公告。

解读分析

（1）随着国家放管服的推进，会遇到某类人员资格证书的颁发机构或证书已经被取消或者下放，但存在证书还在有效期内或者证书长期有效的情况，如案例①中水利工程建设总监理工程师资格证书、水利工程建设监理工程师资格证书、水利工程造价工程师资格证书以及水利工程质量检测员资格证书 4 种资格证书目前国家已经全部取消，在设置资质时，对于国家已经取消的资格证书，招标人不应把其作为资格条件的评审要求。

（2）案例②中招标人对电梯安装商设置了"电梯安装工程专业承包二级及以上资质"，但该资质已于 2015 年 1 月 1 日起取消。案例中投标人及时将反馈问题，招标人及时予以了纠正。

2016 年 01 月 20 日，《国务院关于取消一批职业资格许可和认定事项的决定》（国发〔2016〕5 号）中明确提出：取消中国电力建设企业协会颁发的电力行业监理工程师、总监理工程师证书。

2017 年 09 月 07 日，《水利部办公厅关于加强水利工程建设监理工程师造价工程师质量检测员管理的通知》（办建管〔2017〕139 号）规定"二、取消水利工程建设总监理工程师职业资格。各监理单位可根据工作需要自行聘任满足工作要求的监理工程师担任总监理工程师。总监理工程师人数不再作为水利工程建设监理单位资质认定条件之一。"

国家相关政策及法规等变化，一般可在政府官方网站上查询到，例如建筑行业的相关资质变化可在中华人民共和国住房和城乡建设部的网站上展开具体查询。

📋 防控措施

《中华人民共和国招标投标法》第十九条规定：**招标人应当根据招标项目的特点和需要编制招标文件。招标文件应当包括招标项目的技术要求、对投标人资格审查的标准、投标报价要求和评标标准等所有实质性要求和条件以及拟签订合同的主要条款。**

国家对招标项目的技术、标准有规定的，招标人应当按照其规定在招标文件中提出相应要求。

《中华人民共和国招标投标法实施条例》第二十三条　招标人编制的资格预审文件、招标文件的内容违反法律、行政法规的强制性规定，违反公开、公平、公正和诚实信用原则，影响资格预审结果或者潜在投标人投标的，依法必须进行招标的项目的招标人应当在修改资格预审文件或者招标文件后重新招标。

　　招标采购项目在设置资格要求时，招标人要实时关注国家法律法规等动态变化，按最新要求编制资质，并加强审核检查，确保设置资质准确无误；投标人在投标过程中如发现类似案例中的问题时，应及时反馈给招标人，以便招标人及时改正。

案例三　招标公告专用资格要求的业绩要求
主体设置不合理

案例情景

某电站辅助系统阀门购置专用资格要求中业绩要求为：

（1）2020 年 1 月 1 日至投标截止日期间，阀门制造商生产的 DN350 及以上、压力等级 PN50 及以上、阀门具有单机 300MW 及以上的水电站（含抽水蓄能电站）的供货业绩。

（2）2020 年 1 月 1 日至投标截止日期间，阀门制造商生产的阀门具有单机 300MW 及以上的水电站（含抽水蓄能电站）单项合同金额不低于 200 万元的供货业绩。

A 公司提供了 2 份业绩证明材料，1 份为 DN150、压力等级 PN50 阀门的供货业绩，1 份为 DN400、压力等级 PN25 的阀门合同金额为 350 万元的供货业绩；B 公司提供了 2 份业绩证明材料，1 份为 DN350、压力等级 PN16 阀门的供货业绩，1 份为 DN250、压力等级 PN50 的阀门合同金额为 300 万元的供货业绩；C 公司提供了一份合同金额为 250 万元，DN350、压力等级 PN50 阀门的供货业绩，但是合同甲方均为单机 150MW 的抽水蓄能电站。

解读分析

案例中 A 公司和 B 公司提供的阀门业绩证明材料均是业绩要求主体的两个参数，不能同时满足要求；C 公司提供的业绩证明材料不满足对抽水蓄能电站单机 300MW 及以上的要求。

《中华人民共和国招标投标法》第十八条规定：**招标人可以根据招标项目**

本身的要求，在招标公告或者投标邀请书中，要求潜在投标人提供有关资质证明文件和业绩情况，并对潜在投标人进行资格审查；国家对投标人的资格条件有规定的，依照其规定。

招标人不得以不合理的条件限制或者排斥潜在投标人，不得对潜在投标人实行歧视待遇。

本项目业绩要求的主体设置过于严格，导致三家投标人均被否决，招标失败。招标人第二次进行招标时将业绩要求进行了修改并招标成功。业绩要求具体修改为：

（1）投标截止日前 5 年内，阀门制造商生产的 DN350 及以上的阀门具有单机 300MW 及以上的水电站（含抽水蓄能电站）的供货业绩。

（2）投标截止日前 5 年内，阀门制造商生产的压力等级 PN50 及以上的阀门具有单机 300MW 及以上的水电站（含抽水蓄能电站）的供货业绩。

（3）投标截止日前 5 年内，阀门制造商生产的阀门具有单机 300MW 及以上的水电站（含抽水蓄能电站）单项合同金额不低于 200 万元的供货业绩。

📋 防控措施

项目单位对业绩要求主体有特殊设置时，应做好前期市场调研，既要满足电站的实际需求，又要保证有足够的潜在投标人形成充分竞争。

案例四　项目类型与采购内容不符

 **案例情景**

某抽水蓄能电站厂区绿化种植项目，项目单位按服务类项目申报招标计划。本项目采购范围包含四号渣场一级平台、二号景点往开关站方向延伸下方山坡、副坝头左侧三角斜坡地块区域苗木的栽种。

本项目在评审过程中，评审委员会讨论后认为该项目含有土方工程、覆土工程，采购类型应为工程类项目。采购文件中明确要求投标人提供 6% 的增值税专用发票（按国家现行税收政策税率调整后：服务类为：6%，施工类为：9%，物资类为：13%，小规模为：3%），而部分应答人按税率 6% 进行报价，部分应答人按税率 9% 进行报价，考虑到增值税抵扣因素对采购成本的影响，且采购文件税率设置与项目实际不符，经评审委员会讨论决定，建议本项目采购失败。

解读分析

（1）项目单位将绿化养护服务与绿化工程混淆，在集中采购目录中绿化养护服务属于运维服务，一般为绿地的苗木、植被、草坪的浇水、施肥、除杂草、除病虫、修剪、养护、卫生清理，苗木、草坪的补种，花卉的栽种等工作；绿化工程属于水电工程施工，一般包括苗木种植、土方工程、覆土工程、构筑物等。

（2）本项目采购失败主要原因为将工程类项目按服务类项目进行采购，导致应答人无法全部满足采购文件的要求。且采购文件不需指定具体税率，只需明确应答人应按照国家现行税收政策税率进行报价，合同履行过程中，应答人必须提供增值税专用发票即可。因此按否决条款内容：对于按照 6%的税率报价的投标人按照未按国家法律法规规定填报增值税税率进行否决，对于按照 9%税率报价的应答人按照投标人提出招标人不能接受的条件或偏差进行否决。

为避免类似问题再次出现，采购人应根据项目实际工作内容选择项目类型，否则会导致应答文件无法完全响应采购文件或采购项目在评审阶段无法进行评审。采购人应严格按照项目实施内容划分项目属性，按项目属性编制采购文件。

防控措施

《中华人民共和国招标投标法实施条例》中规定：工程建设项目，是指工程以及与工程建设有关的货物、服务。

（1）工程是指建设工程，包括建筑物和构筑物的新建、改建、扩建及其相关的装修、拆除、修缮等；

（2）与工程建设有关的货物，是指构成工程不可分割的组成部分，且为实现工程基本功能所必需的设备、材料等；

（3）与工程建设有关的服务，是指为完成工程所需的勘察、设计、监理等服务。

在进行货物采购时，货物一般由卖方配合，买方进行安装。当买方没有安装的能力且安装的费用占整个货物采购的费用较低时，可以将货物的安装一并采购，如电梯、标识牌等。行政主管部门对货物的安装承包商有资质要求时，采购人还应在采购公告中应明确安装承包商的资质。

案例五　采购文件对同一内容要求不一致

 案例情景

① A 电站应急指挥分中心设备购置及安装项目，招标文件中报价文件所列的内容与技术文件中招标内容不一致，报价文件列有技术文件未提及的备品备件、专用工具和仪器仪表等物资。

② B 电站电动机定子改造监理服务项目，招标公告专用资格要求"具有住房城乡建设主管部门颁发的工程监理综合资质，或水利水电工程监理甲级资质"，而招标文件技术规范中要求"具有住房城乡建设主管部门颁发的工程监理综合资质"，技术规范书中的投标人资格要求与招标公告不一致。

解读分析

案例①中报价文件所列明的备品备件在技术规范书中无相关要求，投标人无法确定是否应对该备品备件进行报价，若投标人及时发现该问题可向招标代理机构发送澄清予以确认，若投标人未发现该问题，将导致不同投标人对同一项目的报价出现差异，可能导致该项目无法继续评审，存在招标失败的风险。

案例②中招标公告与招标文件资质要求前后不一致，主要问题在于招标文件不同部分对同一问题存在多处描述，且修改缺乏联动性，对部分投标人不公平（买了标书却不符合要求），对评标来说有风险（有可能被否决），评标标准无法确定，影响评标工作顺利开展。通常情况下，招标人仅在招标公告中规定资格要求，一旦招标文件的其他部分出现与招标公告不同的资格要求，评标专家的评标依据不一致，无法对投标文件的符合性进行准确认定。即使投标文件响应错误也不能依据实质性不符将其否决，存在招标失败的风险。如果认定不当，还可能引起投标人异议。如果招标成功，在后续的合同谈判、项目执行过程中，招标人和中标人之间也有可能就招标文件前后不一致的内容产生异议。招标人应特别注意避免类似的情况发生，招标公告和技术规范书是评标专家对投标文件进行形式评审、资格评审、响应性评审的重要依据。

防控措施

项目单位在招标文件编制及审查阶段，应加强内部核查，避免对同一问题进行多处描述，对于存在多处描述的应确保招标文件内容的一致性和修改的联动性。发布招标公告后，如发现招标文件内容前后不一致等问题，在招标投标法律法规允许的时限内，履行内部审批程序对招标文件进行修改，并以书面形式通知所有购标人。招标文件技术规范书中不建议编列资格要求，涉及投标人资格要求的，宜在招标文件中直接使用"详见招标公告"等指向性用语，避免招标文件对同一内容要求不一致。

案例六　招标文件中交货期（工期、服务期）设置不合理

案例情景

① 某水电企业净水设备购置项目，拟定 2023 年 1 月 16 日发布招标公告，2023 年 2 月 6～10 日进行评审工作，而采购文件规定净水设备供货时间为 2023 年 2 月 15 日。按照该项目招标文件规定的供货时间不可能完成供货，交货时间设置不合理。

② 某电站业主营地绿化工程项目，进行资格预审招标，工期为 2017 年 5 月 1 日至 2020 年 4 月 30 日。项目单位于公司 2017 年第二批计划中申报，进行资格预审，于公司 2017 年第三批中进行邀请招标。公司第三批计划拟定 2017 年 4 月 25 日发布招标公告，2017 年 5 月 22 日开标。在第二阶段招标时，该项目工期明显不能满足招标要求，项目单位只能修改工期为 2017 年 7 月 1 日至 2020 年 6 月 30 日。

解读分析

案例①中项目单位未合理考虑供应商应答、评审、定标、签订合同等采购活动，以及货物制造、运输、准备工作等所必需的时间。不合理的交货周期将导致项目流标或合同无法执行，甚至造成供货时间早于合同签订时间，形成倒签合同。倒签合同存在以下风险：

（1）合同签订前的履行过程，由于存在较大的不确定因素，双方的权利义务不明确、法律责任界定不清，容易产生法律纠纷。

（2）补签合同违反公司的合同管理规定，导致合同管理质量及效率下降，

扰乱企业正常的管理秩序。

（3）不符合依法治企，存在企业审计风险。

案例②中，进行资格预审的项目采购流程时间较长，一般为两个批次的采购时间，项目单位应该按照公司年度采购批次时间安排合理确定资格预审项目的工期。

 防控措施

《中华人民共和国招标投标法》第二十四条规定：招标人应当确定投标人编制投标文件所需要的合理时间；但是，依法必须进行招标的项目，自招标文件开始发出之日起至投标人提交投标文件截止之日止，最短不得少于二十日。

《中华人民共和国招标投标法》第四十六条规定：**招标人和中标人应当自中标通知书发出之日起三十日内，按照招标文件和中标人的投标文件订立书面合同。招标人和中标人不得再行订立背离合同实质性内容的其他协议。**

《中华人民共和国招标投标法实施条例》第五十四条规定：依法必须进行招标的项目，招标人应当自收到评标报告之日起 3 日内公示中标候选人，公示期不得少于 3 日。投标人或者其他利害关系人对依法必须进行招标的项目的评标结果有异议的，应当在中标候选人公示期间提出。招标人应当自收到异议之日起 3 日内作出答复；作出答复前，应当暂停招标投标活动。

项目单位在编制招标（采购）文件时，需认真做好前期市场调研，根据正常设备生产、制造工艺、运输距离和招标（采购）的工作流程等因素，设置合理的交货期（服务期、工期）要求。如果项目流标，再次招标时还应考虑交货期（服务期、工期）是否需要修改。

招标人应保证招标公告、技术规范、合同文件中的交货期（服务期、工期）一致，项目单位在计划申报截止后修改交货期（服务期、工期）的，应及时告知招标代理机构，不得出现前后矛盾，造成投标人无法投标的情况。

案例七　公开招标项目限定或指定品牌

案例情景

① 某电站采用公开招标的方式购置真空滤油机，在招标文件审查阶段，项目单位上报的专用技术规范《货物组件材料配置表》中列明：前级旋片真空泵规格型号为法国 LEYBOLD、球阀的规格型号为德国西德福、电磁阀规格型号为德国 GSR。项目主管部门要求项目单位取消品牌指定。

② 某电站起重机械维修项目，技术规范要求"锚固点安装采用生命线三点式固定锚固点，中间件安装采用代尔塔生命线中间件，能量缓冲器安装采用代尔塔生命线能量吸收装置"。招标文件售出后，投标人 A 公司对招标文件提出异议，指出"代尔塔生命线"为专利技术，导致本项目暂停招投标活动。

解读分析

案例①中，技术规范中前级旋片真空泵、球阀、电磁阀均为指定品牌；案例②中，"代尔塔生命线"为指定专利。这两个案例的技术规范违反了《中华人民共和国招标投标法实施条例》第三十二条：招标人不得以不合理的条件限制、排斥潜在投标人或者投标人。招标人有下列行为之一的，属于以不合理条件限制、排斥潜在投标人或者投标人；第（五）条：限定或者指定特定的专利、商标、品牌、原产地或者供应商。同时也违反了《中华人民共和国招标投标法》第二十条：招标文件不得要求或者标明特定的生产供应者以及含有倾向或者排斥潜在投标人的其他内容。

招标活动应当遵循公开、公平、公正和诚实信用的基本原则，通过科学合理的程序，争取多家潜在投标人参与竞争，择优确定中标人，保证项目质量。

针对公开招标项目，招标人不得以不合理的条件限制、排斥潜在投标人，不得对潜在投标人实行歧视待遇。招标文件限定或者指定特定的专利、商标、品牌、原产地或者供应商，属于以不合理的条件限制、排斥潜在投标人，违背招标投标公平的基本原则。

防控措施

在招标文件编制过程中，招标人需根据采购方式特点进行招标文件编制，避免出现不符合采购方式特点的条款，针对公开招标采购方式特点，需注意以下两点：

（一）招标文件技术规范的各项技术标准和要求应满足项目实际需要，保证潜在投标人具有均等的投标竞争机会。

（二）招标文件审查阶段，对限定专利、商标、品牌、原产地或者供应商的情形严格审查，对存在排斥性和歧视性的条款及时进行修改。

案例八　招标文件技术规范书中关键技术标准（★号条款）设置不合理

案例情景

某电站应急指挥分中心设备购置及安装项目，技术规范中设备参数部分大量使用★标记。技术规范内容如下：

为保证售后服务质量，投标人必须提供以下带★设备的售后服务承诺函：

★2.4.4.2 高清 RGB 矩阵

★2.4.4.3 视频显示管理平台

★2.4.4.4 视频显示管理平台处理器

★2.4.4.6 高清录播服务器

★2.5.6.2 数字音频处理器

★2.5.6.3 数字显示主席机

★2.5.6.4 数字显示代表机

★2.6.2.1 智能化集控管理平台终端

高清应急管理平台会商系统需满足以下要求：

★系统设计：终端要求采用嵌入式设计，能够支持 7×24h 开机运行。适合于各种类型会议室，摄像机与视频终端为分体式设计，便于安装。

★网络接口：终端具备 1 个 10M/100M/1000M · IP 网络接口。

★视频接口：① 视频终端至少具备 2 路高清视频输入接口，接口支持 YPrPb、HD-SDI、DVI、HDMI 或 VGA；② 视频终端至少具备 3 路高清视频输出接口，接口支持 HD-SDI、DVI、HDMI 或 VGA。

★音频接口：① 至少 3 组音频输入，可接入数字麦克风或线性电平，支持立体声；② 至少 2 路音频输出，可接入调音台或数字媒体矩阵等音频设备，支持立体声。

★会议摄像机：配套提供 1 台和终端统一品牌的高清摄像机。① 支持 1920×1080p·50fps 的高清视频输出；② 至少 12 倍光学变焦倍数；③ 具备可以传输至少 50m 没有明显图像损伤的高清输出接口；④ 至少支持 10 个以上摄像头位置预设；⑤ 具备 RS232 控制接口，可以接入上述高清终端，通过终端进行摄像机控制，或接入中控系统进行集中控制。

★麦克风：配套提供 1 个和终端同一品牌全向拾音麦克风。

解读分析

技术规范中标识★的规定是招标文件对重要技术参数、规格型号、技术指标等的规定，如果投标文件没有完全响应招标文件的上述实质性规定，其投标将被否决。而上述案例中招标人未考虑到项目的实质性需求，设置过多的、不必要的★号条款，排斥了潜在投标人，可能涉嫌限制竞争，甚至导致行政处罚。另外，技术规范★号条款设置不全面，可能导致不符合招标人实际要求的投标文件被判定合格，甚至中标。

《中华人民共和国招标投标法》第十八条规定：**招标人可以根据招标项目本身的要求，在招标公告或者投标邀请书中，要求潜在投标人提供有关资质证明文件和业绩情况，并对潜在投标人进行资格审查；国家对投标人的资格条件有规定的，依照其规定。**

招标人不得以不合理的条件限制或者排斥潜在投标人，不得对潜在投标人实行歧视待遇。

《中华人民共和国招标投标法》第十九条规定：**招标人应当根据招标项目的特点和需要编制招标文件。招标文件应当包括招标项目的技术要求、对投标人资格审查的标准、投标报价要求和评标标准等所有实质性要求和条件以及拟签订合同的主要条款。**

**国家对招标项目的技术、标准有规定的，招标人应当按照其规定在招标文件中提出相应要求。

《工程建设项目货物招标投标办法》和《工程建设项目施工招标投标办法》规定：招标人应当在招标文件中规定实质性要求和条件，说明不满足其中任何一项实质性要求和条件的投标将被拒绝，并用醒目的方式标明；没有标明的要求和条件在评标时不得作为实质性要求和条件。对于非实质性要求和条件，应规定允许偏差的最大范围、最高项数，以及对这些偏差进行调整的方法。

防控措施

所谓实质性规定（技术规范中标识★的规定），一般是指招标文件对重要技术参数、规格型号、技术指标等的规定。如果投标文件没有完全响应招标文件规定的实质性要求和条件，其投标将被否决。鉴于此，实质性规定对招标人和投标人影响较大，招标人在编制招标文件时，充分考虑项目的特点和实际需要，慎重并且明确提出实质性规定，全面、合理地设定各项技术参数、规格型号、技术指标等，切忌实质性规定过多、要求过低，确保竞争充分、机会平等。

另外，招标人在技术规范中设定实质性规定时，应以加粗、加下划线或者用其他字体等醒目的方式标明，并注明实质性规定的标注符号，避免使用自定义的特殊符号作为否决投标条款，与段落格式标记或特殊符号混淆。

招标文件审查阶段，对★号条款内容严格审查，对不合理条款及时进行修改。

案例九 招标文件技术标准参数要求不合理

案例情景

① A 电站桥式起重机购置项目进行招标，技术规范书中 10t 主机所悬挂的 10t 葫芦起升速度要求为 8m/min，实际无法达到，标准 10t 葫芦起升速度为 7m/min；16t 葫芦的起升速度要求 8m/min，实际无法达到，标准 16t 葫芦的起升速度为 3.5m/min。

针对以上技术规范书中技术参数要求不合理问题，发出澄清：10t 葫芦起升速度由 8～0.8m/min 改为 7～0.7m/min；16t 葫芦的起升速度由 8～0.8m/min 改为 3.5～0.35m/min。

② 电站地下厂房通风系统设备购置项目招标公告专用资格要求：防排烟系统风机、排烟阀、排烟风口、正压送风口、防火调节阀须具有消防产品型式认可证书或国家消防设备质量监督检验中心出具的检验报告。项目进入评标阶段后，所有投标人均未提供排烟风口、正压送风口、防火调节阀的任何型式认证证书或国家消防设备质量监督检验中心出具的检验报告，本项目采购失败。经查明，排烟风口、正压送风口无需出具型式认证证书或检验报告，本项目纳入下一批招标计划，并修改了相应的专用资格要求。

解读分析

招标文件中设定的技术要求、货物规格参数要求不符合现行国家标准、行业标准的规定。

案例①中，招标文件规定的葫芦起升速度要求不符合行业标准 JB/T 5663—2008《电动葫芦门式起重机》中关于电动葫芦门式起重机主要技术参数的要求；

案例②中，排烟风口、正压送风口、防火调节阀不需要有消防产品型式认可证书或检验报告，若在招标文件发售后，投标人未发现招标文件中技术标准有误，或发现后未向招标人提出澄清，都有可能造成类似案例②的情况出现，即评标阶段所有投标人均无法响应该不合理的技术参数，导致该项目采购失败。

招标项目的技术规格或技术要求是招标文件中最重要的内容之一，是指招标项目在技术、质量方面的标准，如一定的大小、轻重、体积、精密度、性能等。技术规格或技术要求的确定，往往是招标能否具有竞争性，达到预期目的的技术制约因素。另外，《中华人民共和国招标投标法》第十九条规定：**招标人应当根据招标项目的特点和需要编制招标文件。招标文件应当包括招标项目的技术要求、对投标人资格审查的标准、投标报价要求和评标标准等所有实质性要求和条件以及拟签订合同的主要条款。**

国家对招标项目的技术、标准有规定的，招标人应当按照其规定在招标文件中提出相应要求。

防控措施

各单位相关专业（技术）人员应及时跟踪相关技术标准，加强对技术规范书的审查，确保相应技术要求、货物规格参数要求符合现行国家或行业标准，避免产生澄清或采购失败的情况发生。

案例十 招标文件技术规范书中出现资质要求

案例情景

某系统购置项目技术规范要求：主要设备需提供公安部等国家级权威部门产品检测报告，并加盖设备制造商投标专用章或公章。以"安防系统数据服务器"为例，要求：

（1）支持对服务子节点进行算法类型授权，可调用算法仓库中算法进行解析。支持并发行不同的算法，支持对服务子节点进行算法类型和资源类型配置（提供公安部检测报告证明）；

（2）人脸图片检测后台平均响应时间不超过 0.1s（提供公安部检测报告证明）；

（3）人脸正对摄像机，在无干扰情况下，人脸检出率不低于 99%，人脸正确识别率不低于 99%（提供公安部检测报告证明）等。

本项目共采购 12 大项 125 小项物资，技术规范中出现大量对产品检测报告、产品业绩、制造商授权委托等资质要求，导致投标人响应相关要求时编制投标文件工作量大，专家评标时工作量增大且难以有的放矢。

解读分析

投标人资格要求包括通用资格要求和专用资格要求两个部分，若投标人不满足资格要求，将会在初评阶段予以否决。其中专用资格要求是根据项目具体情况编制的，一般包含资质要求和业绩要求，在招标文件审查阶段由专人负责审查，并在审查后将确定的专用资格要求编入招标公告中。

随着国家相关部门对招标项目要求的不断变化，对专用资格要求的审查也变得更加严格。

《国家发展改革委等部门关于严格执行招标投标法规制度进一步规范招标投标主体行为的若干意见》（发改法规规〔2022〕1117号）规定：依法必须招标项目不得提出注册地址、所有制性质、市场占有率、特定行政区域或特定行业业绩、取得非强制资质认证、设立本地分支机构、本地缴纳税收社保等要求，不得套用特定生产供应者的条件设定投标人资格、技术、商务条件。

本案例中出现大量对产品检测报告、产品业绩、制造商授权委托等资质要求，属于不合理资质要求，且并未列入专用资格要求，仅在技术规范书中编制，导致专家和投标人对此类资质要求的必要性判断产生歧义，容易引起不必要的澄清、异议。

防控措施

专用资格要求内容应在计划上报时确定初稿，并在招标文件审查阶段通过审查工作确定终稿，为防止出现前后矛盾的情况，技术规范书中不应当编制专用资格要求的相关内容；审查时项目主管部门应对技术规范书中出现的资质要求内容严格把关。

案例十一 招标文件技术规范书条款存在歧义或不明确

案例情景

① 某电缆购置项目专用技术规范技术参数特性表中规定：10kV 三芯电力电缆，电缆型号为 WDZAN-YJY23-8.7/10kV-3×70，货物清单中 10kV 三芯电力电缆的型号为 ZA-YJLV23-8.7/10kV-3×70，两处信息矛盾，投标人不清楚以哪项要求为准。

② 某变压器购置项目图纸中要求变压器空载损耗和负载损耗均不高于 2 级能效等级，但技术规范书中技术参数表的变压器空负载损耗为 3 级能效损耗，图纸与技术规范书中信息矛盾，且图纸中未明确空负载损耗的具体数值。

解读分析

《中华人民共和国招标投标法》第十九条规定：**招标人应当根据项目的特点和需要编制招标文件。招标文件应当包括招标项目的技术要求、对投标人资格审查的标准、投标报价要求和评标标准等所有实质性要求和条件以及拟签订合同的主要条款。**

国家对招标项目的技术、标准有规定的，招标人应当按照其规定在招标文件中提出相应要求。

技术要求作为招标文件的重要组成部分，其参数要求等内容应当准确、全面。

📋 **防控措施**

适用标准分标的项目应使用标准技术范本，若无适用的范本，自行编制的技术文件应重点检查以下内容：

（1）技术规范与报价明细表中内容、数量是否存在不一致情形；

（2）技术规范中是否存在同一产品的技术参数前后不一致问题；

（3）技术规范前附表中内容与技术规范书是否存在不一致情形。

案例十二　招标文件合同专用条款存在
歧义或不明确

案例情景

某物资购置项目合同专用条款对质量保证期进行修改，修改为"合同设备的质量保证期为从合同设备到货后 36 个月。如果相关法律、法规、政府规章或者规范性文件以及国家或行业标准规定的质量保证期超过前述约定期限的，则质量保证期应以较长者为准"。该项目合同中履约保证金要求为"履约保证金有效期自卖方履约保证金提交买方之日起至合同项下货物全部通过验收并投运为止"。

修改后质量保证期与履约保证金有效期重合，造成歧义。

解读分析

《中华人民共和国招标投标法》第十九条规定：**招标人应当根据项目的特点和需要编制招标文件。招标文件应当包括招标项目的技术要求、对投标人资格审查的标准、投标报价要求和评标标准等所有实质性要求和条件以及拟签订合同的主要条款。**

合同文件作为招标文件的重要组成部分，其主要条款需要招标人根据项目情况认真编制，在合同约定内容不明确、造成歧义的情况下，可以发布澄清对歧义内容进行补充和修改，不在澄清时间内的，可以通过协议进行补充约定。

《中华人民共和国民法典》第五百一十条规定：合同生效后，当事人就质量、价款或者报酬、履行地点等内容没有约定或约定不明确的，可以协议补充；不能达成补充协议的，按照合同相关条款或者交易习惯确定。

防控措施

合同文件编制过程中应尽量使用统一范本，自行编制的合同文件应重点检查以下内容：

（1）支付结算：合同中需明确支付结算方式（一次支付或分期支付），分期支付的，支付比例总和应为100%。

（2）预付款：合同中约定有预付款的，需明确预付款比例。

（3）对于同时约定履约保证金和质保金的项目，履约担保期与质保期/缺陷责任期不应重合。

（4）同时检查合同专用条款中对通用条款的修改内容。

案例十三　招标文件中交货方式设置不合理

 案例情景

交货方式有：买方指定仓库车板交货、买方指定仓库地面交货、施工现场车板交货、施工现场地面交货、买方指定码头船上交货等。车板交货即卖方将货物整体运到买方指定的地方，由买方负责卸车，当货物离开车板时，即认为卖方已完成合同要求；地面交货即卖方将货物整体运到买方指定的地方，由卖方负责卸车，卸车完毕，即认为卖方已完成合同要求。

① 某电站水轮机组改造设备购置项目，招标文件中规定交货方式为在××电厂交货，未明确具体地址。由于该水电企业有 2 个厂区且相距较远，相应产生的运费也不同，因此在合同谈判阶段双方就交货具体地点难以达成一致。

② 某电站钢板购置 9000 吨，ERP 计划填报交货地点为买方指定仓库车板交货（ERP 中交货地点字段会自动带到招标公告中），招标文件技术规范中交货地点为××电站仓库，交货方式为地面交货。中标人投标文件的交货方式完全响应招标文件要求，但在合同签订阶段，项目单位与中标人就交货方式发生了分歧。

解读分析

案例①中，不同的交货地点会产生不同的运费，也会影响投标人报价。招标文件中未明确具体送货地点，投标人的投标报价中的运费即存在瑕疵，在合同谈判阶段一旦因交货方式费用发生较大变化时，极易在合同谈判阶段发生分歧。

案例②中，大数量的钢板的卸货费用、风险较大，招标文件中交货方式前后矛盾，投标人投标时也未就招标文件的问题进行澄清，造成合同签订阶段发生分歧。

 防控措施

货物的交付即所谓的收货、送货，是买卖合同中至为重要的内容，其涉及货物风险的承担、所有权的转移等诸多问题，所以，双方应在买卖合同中对交货方式（运输的方式是铁路、公路、海运还是多式联运；是送货、自行提货、委托提货还是代为运输等）、地点、时间、运输费用的承担等事项应当事先在合同中约定明确。

案例十四　招标文件中出现供应商名称等敏感信息

案例情景

某电站车辆维修服务项目进行招标，招标文件合同文本中多处写明乙方为：××公司，且包含该公司相关信息。导致投标人下载的招标文件合同文本中均包含原乙方信息。

解读分析

招标人在编制招标文件的过程中，套用以前招标成功项目的文件，导致招标文件中含有原中标人的相关信息。因该电站在去年曾招过类似项目，招标文件编制人员套用去年项目的技术规范书、合同文件编制招标文件，但未删除原中标人相关信息。

《中华人民共和国招标投标法》第二十条规定：**招标文件不得要求或者标明特定的生产供应者以及含有倾向或者排斥潜在投标人的其他内容**。招标文件中出现供应商名称等敏感信息会给招投标活动造成不良影响。如果合同文件中出现的乙方恰好也参与了本次评标，则很容易引起其他投标人对招评标活动透明度及公平性的怀疑。如果该投标人中标，其他投标人有可能对评标结果产生质疑。

防控措施

各项目单位在编制审查招标文件时，应尽量采用招标文件范本进行修订，避免采用已招标项目的相关材料，一定要对敏感信息保持高度警惕，防止类似问题出现。

案例十五　招标文件中争议解决方式未选择或选择不明确

案例情景

① 某电站在合同争议解决部分同时选择诉讼与仲裁方式；

② 某抽蓄电站在合同争议解决部分选择仲裁，选择××县仲裁委员会，但该仲裁委员会并不存在。

解读分析

争议解决方式中，仲裁和诉讼是二选一的关系。

项目负责人对仲裁和诉讼两种争议解决方式的法律关系理解不透彻，在招标（采购）文件中未选择正确的争议处理方式，将会导致在后期合同执行过程中发生争议时无法得到有效解决。

最高人民法院关于适用《中华人民共和国民事诉讼法》的解释第二百一十五条规定："依照民事诉讼法第一百二十四条第二项的规定，当事人在书面合同中订有仲裁条款，或者在发生纠纷后达成书面仲裁协议，一方向人民法院起诉的，人民法院应当告知原告向仲裁机构申请仲裁，其坚持起诉的，裁定不予受理，但仲裁条款或者仲裁协议不成立、无效、失效、内容不明确无法执行的除外。"《中华人民共和国仲裁法》第五条规定："当事人达成仲裁协议，一方向人民法院起诉的，人民法院不予受理，但仲裁协议无效的除外。"第十八条规定："仲裁协议对仲裁事项或者仲裁委员会没有约定或者约定不明确的，当事人可以补充协议；达不成补充协议的，仲裁协议无效。"

防控措施

招标人在编制招标文件合同部分时，填写争议解决方式时需注意：

（1）仲裁和诉讼择其一填写；

（2）如果选择仲裁，仲裁委员会填写时需明确仲裁委员会全称，避免选择不存在的仲裁委员会，同时应选择经过司法部确认的仲裁委员会；

（3）如果选择诉讼，须明确甲方或乙方所在地的人民法院。

案例十六 物资项目技术规范中货物内容、数量与采购申请不一致

案例情景

① 某电站物资项目购置开关柜，在招标文件技术规范书中，10kV 开关柜的数量为 2 台，在电子商务平台中对应的采购申请数量为 3 台，投标人在投标时产生疑问。

② 某电站物资项目购置 LED 显示屏、音响等会议系统，在招标文件技术规范书中，仅写购买会议系统，在电子商务平台中对应的采购申请有两行，分别为 LED 显示屏、音响，且招标文件中并未对 LED 显示屏、音响的数量作出具体要求，投标人在报价时无法判断每行采购申请对应的金额。

解读分析

目前物资项目报价采用线上报价的方式进行，货物数量以电子商务平台采购申请对应的数量为准；技术规范书作为招标文件的一部分，由招标人进行编制，随后上传至电子商务平台，发标后，若发现不一致的情形，可以采用澄清方式对技术规范进行修改。

防控措施

招标人在编制技术规范时，应着重检查物资项目货物需求及供货范围一览表内容，确保其与电子商务平台采购申请保持一致，在发标后，及时对该内容进行检查，若发现不一致，在澄清发布阶段采用澄清方式修改技术规范内容。

案例十七 招标文件报价清单内容编制不准确

案例情景

① 某电站采用公开招标方式采购物业服务，招标文件的报价清单表中"会议室领班人员"单位为"人×月"，数量为"12"，投标人对具体人员和月份数量产生歧义。

② 某检修工程项目在招标文件报价清单中投标报价汇总表中列出多项工作内容，但未标明各项内容分别的承包方式，导致投标人对某项报价的承包方式理解产生歧义。

③ 某电站采用公开招标方式采购一货物，招标文件的报价清单表中该货物的配件数量写为"N×10（N 为所需货物型号数量）"，未明确该货物具体需要几种型号。投标人在报价时，投标人 A 响应了 3 种型号的货物，N 值为 3；投标人 B 响应了 8 种型号的货物，N 值为 8。由于 N 值的不同，导致报价产生较大差异。

④ 某检修围栏购置项目，全长 446 米，在该项目招标文件报价清单表中，检修围栏包括多种类型，不同类型的围栏长度及所需装置均不一致，且报价明细表中仍然填写了每种围栏的实际长度数量。该项目仅创建 1 条采购申请，单位为"米"，数量为"446"，导致投标人在电子商务平台进行报价时，无法正常报价。若在报价明细表中填写正确的报价值，电子商务平台则会将该报价值乘以"446"；若在电子商务平台上填写正确的报价值，报价明细表中则会将该报价除以"446"。

解读分析

案例①、②、③中报价清单的报价项目、单位、数量等信息均不明确，导致投标人在理解上产生歧义，作为招标文件的重要组成部分，报价清单的准确性直接影响项目合同的后续执行情况，招标人应对报价清单加强审核，保证报价清单报价项目、单位、数量等信息的准确性。

物资项目报价明细《货物清单单价分析表》（见"表2-17-1"）中，单价分析表的作用是对每种货物进行组件的细分，体现每一个单位的该货物由哪些组件组成。《货物清单单价分析表》中网省采购申请行号对应的货物，在其含税单价列应与电子商务平台填写完全一致。招标人应充分理解该表格的作用及填写要求。

表 2-17-1　　　　　　　　货物清单单价分析表模板

单价分析表

金额单位：人民币万元

编号	货物名称	网省采购申请行号	组件序号	组件材料项目名称	组件单位	组件数量	组件含税单价	组件含税合价	含税单价	备注
1	货物1	×××××××	1-1	组件1						
			1-2	组件2						
			1-3	组件3						
2	货物2	×××××××	2-1	组件1						
			2-2	组件2						
			2-3	组件3						
									本列对应投标函投标报价汇总表中"含税报价-单价"一列（请注意价格单位）	

注：（1）ECP平台与本表中"网省采购申请行号"相同的货物"含税单价"应相同。即：本表"含税单价"一列（J列）对应供应商投标工具已标价货物清单行报价界面中"含税单价"一列，同时对应投标函投标报价汇总表中"含税报价-单价"一列（因小数点保留导致不一致的情形除外）；

（2）本表仅做单价分析，不体现货物数量，货物数量以供应商投标工具已标价货物清单行报价界面中的数量为准；

（3）本表中每项货物"含税单价"应等于该项下所有子项（组件材料）"组件含税合价"的合计；

（4）投标人不得擅自对本表中的项目进行删减、增加、修改。

案例④中由于招标人对该表的理解有误，编制有误，导致投标人无法正常报价。

 防控措施

招标人在编制招标文件报价明细部分时，需注意：

（1）报价文件范本应用是否正确，制作报价表时需保持范本原有格式、内容，不得删减工作簿、行、列等内容；

（2）存在多条采购申请的项目，在编制报价文件时应按照采购申请对应的条目编列，同时在备注中注明"网省采购申请行号"，以此体现与采购申请之间的关联关系，方便供应商报价，招标人开展物资项目报价时需注意理解货物清单单价分析表的作用；

（3）报价文件中需明确该项目的承包方式，承包方式为"总价与单价相结合"的项目，还应在分项报价表中进行备注，标明哪些项属于总价承包，哪些属于单价承包；

（4）报价文件中需明确最高限价、暂列金/备用金、分项限价（如有），除最高限价、暂列金/备用金外，其他位置不能填写金额信息。

第三章

发布采购公告及
开标典型案例

　　招标文件制作完毕后，由代理机构发布招标公告，供应商获取标书、根据招标文件要求制作、递交投标文件并参与开标。作为招标采购的重要环节，招标公告发布至开标期间产生的问题会对投标文件的递交和评审产生影响，甚至造成项目暂停、流标等情况。本章包括招标公告发布至开标期间的典型案例，涉及招标公告、招标文件澄清、招标文件异议、开标等工作十部分内容的典型案例。

案例一 招标公告、招标邀请书载明的内容不全

案例情景

某招标人及其委托的招标代理机构在电子商务平台发布依法招标项目的招标公告，招标公告中载明招标人的名称和地址、招标项目的性质、数量和时间以及获取招标文件的办法等事项。

解读分析

本案例中招标人及其委托的招标代理机构发布的招标公告中未载明招标项目的实施地点。

《中华人民共和国招标投标法》第十六条规定：招标人采用公开招标方式的，应当发布招标公告。依法必须进行招标的项目的招标公告，应当通过国家指定的报刊、信息网络或者其他媒介发布。

招标公告应当载明招标人的名称和地址、招标项目的性质、数量、实施地点和时间以及获取招标文件的办法等事项。

《中华人民共和国招标投标法》第十七条规定：招标人采用邀请招标方式的，应当向三个以上具备承担招标项目的能力、资信良好的特定的法人或者其他组织发出投标邀请书。**投标邀请书应当载明本法第十六条规定的事项。**

招标人及其委托的招标代理机构应按照《中华人民共和国招标投标法》中相关规定发布内容真实、准确、完整的招标公告或投标邀请书。

《电子招标投标办法》第十七条规定：招标人或者其委托的招标代理机构应当在资格预审公告、招标公告或者投标邀请书中载明潜在投标人访问电子招标投标交易平台的网络地址和方法。依法必须进行公开招标项目的上述相关公

告应当在电子招标投标交易平台和国家指定的招标公告媒介同步发布。

《工程建设项目施工招标投标办法》第十四条规定：招标公告或者投标邀请书应当至少载明下列内容：

（一）招标人的名称和地址；

（二）招标项目的内容、规模、资金来源；

（三）招标项目的实施地点和工期；

（四）获取招标文件或者资格预审文件的地点和时间；

（五）对招标文件或者资格预审文件收取的费用；

（六）对投标人的资质等级的要求。

《工程建设项目货物招标投标办法》第十三条规定：招标公告或者投标邀请书应当载明下列内容：

（一）招标人的名称和地址；

（二）招标货物的名称、数量、技术规格、资金来源；

（三）交货的地点和时间；

（四）获取招标文件或者资格预审文件的地点和时间；

（五）对招标文件或者资格预审文件收取的费用；

（六）提交资格预审申请书或者投标文件的地点和截止日期；

（七）对投标人的资格要求。

防控措施

招标公告发布前加强对招标公告、投标邀请书内容的审核，确保应当载明的事项全面准确，具体包括：招标人的名称和地址、招标项目的性质、数量、实施地点和时间以及获取招标文件的办法等事项。

案例二　招标公告中要求投标保证金额度超过项目估算价的 2%

案例情景

某招标人及其委托的招标代理机构于××年 1 月 10 日在电子商务平台发布依法招标项目的招标公告，招标公告中规定某项目的投标保证金为 11 万元，此项目的估算价为 545 万元。

解读分析

本案例中招标人及其委托的招标代理机构收取的投标保证金金额大于项目估算价的 2%（10.9 万元）。

《中华人民共和国招标投标法实施条例》第二十六条规定：**招标人在招标文件中要求投标人提交投标保证金的，投标保证金不得超过招标项目估算价的 2%。投标保证金有效期应当与投标有效期一致。**依法必须进行招标的项目的境内投标单位，以现金或者支票形式提交的投标保证金应当从其基本账户转出。招标人不得挪用投标保证金。

招标人及其委托的招标代理机构应严格按照《中华人民共和国招标投标法实施条例》中的规定收取投标保证金。

《工程建设项目施工招标投标办法》第三十七条规定：招标人可以在招标文件中要求投标人提交投标保证金。投标保证金除现金外，可以是银行出具的银行保函、保兑支票、银行汇票或现金支票。**投标保证金一般不得超过投标总价的百分之二，但最高不得超过八十万元人民币。投标保证金有效期应当超出投标有效期三十天。**

《工程建设项目勘察设计招标投标办法》第二十四条规定：**招标文件要求投标人提交投标保证金的，保证金数额一般不超过勘察设计费投标报价的百分之二，最多不超过十万元人民币。**依法必须进行招标的项目的境内投标单位，以现金或者支票形式提交的投标保证金应当从其基本账户转出。

《工程建设项目货物招标投标办法》第二十七条规定：招标人可以在招标文件中要求投标人以自己的名义提交投标保证金。投标保证金除现金外，可以是银行出具的银行保函、保兑支票、银行汇票或现金支票，也可以是招标人认可的其他合法担保形式。**投标保证金一般不得超过投标总价的百分之二，但最高不得超过八十万元人民币。投标保证金有效期应当与投标有效期一致。**投标人应当按照招标文件要求的方式和金额，在提交投标文件截止之日前将投标保证金提交给招标人或其招标代理机构。投标人不按招标文件要求提交投标保证金的，该投标文件作废标处理。

 **防控措施**

招标公告发布前加强对招标公告、投标邀请书保证金的审核，严格把握投标保证金计算原则，并进行复核，保证投标保证金金额无误。

案例三　招标文件或资格预审文件发售期不足 5 天

案例情景

某招标人及其委托的招标代理机构在电子商务平台发布依法招标项目的招标公告，招标公告中规定的招标文件发售时间小于 5 天。

解读分析

本案例中招标人及其委托的招标代理机构发布的招标公告中规定的招标文件发售时间少于 5 天。

《中华人民共和国招标投标法实施条例》第十六条的规定：**招标人应当按照资格预审公告、招标公告或者投标邀请书规定的时间、地点发售资格预审文件或者招标文件。资格预审文件或者招标文件的发售期不得少于 5 日。**

《工程建设项目施工招标投标办法》第十五条规定：**招标人应当按招标公告或者投标邀请书规定的时间、地点出售招标文件或资格预审文件。自招标文件或者资格预审文件出售之日起至停止出售之日止，最短不得少于五日。**

《工程建设项目勘察设计招标投标办法》第十二条规定：招标人应当按照资格预审公告、招标公告或者投标邀请书规定的时间、地点出售招标文件或者资格预审文件。自招标文件或者资格预审文件出售之日起至停止出售之日止，最短不得少于五日。

《工程建设项目货物招标投标办法》第十四条规定：**招标人应当按招标公告或者投标邀请书规定的时间、地点发出招标文件或者资格预审文件。自招标**

文件或者资格预审文件发出之日起至停止发出之日止,最短不得少于五个工作日。招标人发出的招标文件或者资格预审文件应当加盖印章。

 **防控措施**

招标人及其委托的招标代理机构应严格按照《中华人民共和国招标投标法实施条例》中的规定发售资格预审文件和招标文件。

案例四　招标文件自发售之日起至投标截止之日止不足 20 天、资格预审文件自停止发售之日起至提交之日止不足 5 天

案例情景

① 某招标人及其委托的招标代理机构于××年 1 月 10 日在电子商务平台发布依法招标项目的招标公告，招标公告中规定××年 1 月 28 日为投标文件递交截止日。

② 某招标人及其委托的招标代理机构于××年 1 月 10 日在电子商务平台发布依法招标项目的资格预审公告，资格预审公告中规定××年 1 月 10 日至××年 1 月 15 日为资格预审文件发售时间，××年 1 月 18 日为提交资格预审申请文件截止日。

解读分析

案例①中招标人及其委托的招标代理机构规定自招标文件开始发出之日起至投标人提交投标文件截止之日止时间为 19 日。

《中华人民共和国招标投标法》第二十四条规定：招标人应当确定投标人编制投标文件所需要的合理时间；但是，依法必须进行招标的项目，自招标文件开始发出之日起至投标人提交投标文件截止之日止，最短不得少于二十日。

《工程建设项目施工招标投标办法》第三十一条规定：招标人应当确定投标人编制投标文件所需要的合理时间；但是，依法必须进行招标的项目，自招标文件开始发出之日起至投标人提交投标文件截止之日止，最短不得少于二十日。

《工程建设项目勘察设计招标投标办法》第十九条规定：招标人应当确定潜在投标人编制投标文件所需要的合理时间。依法必须进行勘察设计招标的项目，自招标文件开始发出之日起至投标人提交投标文件截止之日止，最短不得少于二十日。

《工程建设项目货物招标投标办法》第三十条规定：招标人应当确定投标人编制投标文件所需的合理时间。依法必须进行招标的货物，自招标文件开始发出之日起至投标人提交投标文件截止之日止，最短不得少于二十日。

案例②中招标人及其委托的招标代理机构规定自资格预审文件停止发售之日起至资格预审申请文件提交截止之日止为4日。

《中华人民共和国招标投标法实施条例》第十七条规定：招标人应当合理确定提交资格预审申请文件的时间。依法必须进行招标的项目提交资格预审申请文件的时间，自资格预审文件停止发售之日起不得少于5日。

防控措施

招标人及其委托的招标代理机构应按照《中华人民共和国招标投标法》中的规定，给予投标人编制投标文件、资格预审申请文件的合理时间。

案例五　招标文件的澄清或者修改内容未发送给所有获取招标文件的潜在投标人

案例情景

某招标人及其委托的招标代理机构在电子商务平台发布依法招标项目的招标公告后，一个已经获取招标文件的潜在投标人向招标人及其委托的招标代理机构提出一份澄清，招标人及其委托的招标代理机构仅对该投标人回答了其提出的问题。

解读分析

本案例中招标人及其委托的招标代理机构未将澄清以书面形式通知所有获取招标文件的潜在投标人。

《中华人民共和国招标投标法实施条例》第二十一条规定：招标人可以对已发出的资格预审文件或者招标文件进行必要的澄清或者修改。澄清或者修改的内容可能影响资格预审申请文件或者投标文件编制的，招标人应当在提交资格预审申请文件截止时间至少 3 日前，或者投标截止时间至少 15 日前，以书面形式通知所有获取资格预审文件或者招标文件的潜在投标人；不足 3 日或者15 日的，招标人应当顺延提交资格预审申请文件或者投标文件的截止时间。

防控措施

招标人及其委托的招标代理机构应按照《中华人民共和国招标投标法实施条例》中的规定将澄清或者修改内容以书面形式通知所有获取招标文件的潜在投标人。

延伸阅读

对于已经不再接收纸质投标文件的招标人及其委托的招标代理机构，需要对招标文件进行澄清或修改的，招标人在提供下载招标文件的网站上公布澄清或者修改的内容即可。

案例六　资格预审文件澄清或修改发出之日起至提交截止之日止不足 3 天

　**案例情景**

　　某招标人及其委托的招标代理机构于××年1月10日在电子商务平台发布依法招标项目的资格预审公告,公告中规定××年1月20日为资格预审申请文件提交截止日,在××年1月19日招标人及其委托的招标代理机构对所有获取资格预审文件的潜在投标人发出一份澄清。

　　解读分析

　　本案例中招标人及其委托的招标代理机构向所有获取资格预审文件的潜在投标人发出澄清之日起至投标人提交资格预审申请文件截止之日止不足 3 日。

　　《中华人民共和国招标投标法实施条例》第二十一条规定:招标人可以对已发出的资格预审文件或者招标文件进行必要的澄清或者修改。澄清或者修改的内容可能影响资格预审申请文件或者投标文件编制的,招标人应当在提交资格预审申请文件截止时间至少 3 日前,或者投标截止时间至少 15 日前,以书面形式通知所有获取资格预审文件或者招标文件的潜在投标人;不足 3 日或者 15 日的,招标人应当顺延提交资格预审申请文件或者投标文件的截止时间。

　　防控措施

　　招标人及其委托的招标代理机构应按照《中华人民共和国招标投标法实施条例》中的规定,保证资格预审文件澄清或修改发出之日起至投标截止之日止不少于 3 日。

 延伸阅读

只有当资格预审文件的澄清或者修改涉及资格预审文件的实质性内容，有可能影响资格预审申请文件编制的，才应当在资格预审申请文件提交截止时间至少 3 日前进行澄清或者修改；不足 3 日的，招标人应当顺延提交资格预审申请文件的截止时间；如果属于非实质性内容的修改，不影响投标人编制资格预审申请文件的，则可不受上述时间的限制。

案例七 招标文件澄清或修改发出之日起至 投标截止之日止不足 15 天

案例情景

某招标人及其委托的招标代理机构于××年1月5日在电子商务平台发布依法招标项目的招标公告，招标公告中规定××年1月28日为投标文件递交截止日，在××年1月15日招标人及其委托的招标代理机构对所有获取招标文件的潜在投标人发出一份澄清。

解读分析

本案例中招标人及其委托的招标代理机构向所有获取招标文件的潜在投标人发出澄清之日起至投标人提交投标文件截止之日止不足15日。

《中华人民共和国招标投标法实施条例》第二十一条规定：招标人可以对已发出的资格预审文件或者招标文件进行必要的澄清或者修改。澄清或者修改的内容可能影响资格预审申请文件或者投标文件编制的，招标人应当在提交资格预审申请文件截止时间至少3日前，或者投标截止时间至少15日前，以书面形式通知所有获取资格预审文件或者招标文件的潜在投标人；不足3日或者15日的，招标人应当顺延提交资格预审申请文件或者投标文件的截止时间。

防控措施

招标人及其委托的招标代理机构应按照《中华人民共和国招标投标法实施条例》中的规定，保证招标文件澄清或修改发出之日起至投标截止之日止不少于15日。

延伸阅读

只有当招标文件的澄清或者修改涉及招标文件的实质性内容，有可能影响投标文件编制的，才应当在投标截止时间至少 15 日前进行澄清或者修改；不足 15 日的，招标人应当顺延提交投标文件的截止时间；如果属于非实质性内容的修改，不影响投标人编制投标文件的，则可不受上述时间的限制。

案例八 招标文件的澄清或修改涉及报价文件（或工程量清单或货物单价分析表）内容调整

案例情景

某招标人及其委托的招标代理机构于××年1月5日在电子商务平台发布依法招标项目的招标公告，招标公告中规定××年1月28日为投标文件递交截止日，在××年1月8日招标人及其委托的招标代理机构对所有获取某一项目招标文件的潜在投标人发出一份修改报价文件内容的澄清。

解读分析

本案例中招标人及其委托的招标代理机构向所有获取招标文件的潜在投标人发出澄清之日起至投标人提交投标文件截止之日止超过15日，符合招标文件澄清的时限要求。

《中华人民共和国招标投标法实施条例》第二十一条规定：招标人可以对已发出的资格预审文件或者招标文件进行必要的澄清或者修改。澄清或者修改的内容可能影响资格预审申请文件或者投标文件编制的，招标人应当在提交资格预审申请文件截止时间至少3日前，或者投标截止时间至少15日前，以书面形式通知所有获取资格预审文件或者招标文件的潜在投标人；不足3日或者15日的，招标人应当顺延提交资格预审申请文件或者投标文件的截止时间。

📄 **延伸阅读**

　　对于涉及报价文件修改的澄清，可在澄清文件中标注出修改前后内容的对比情况，以减少投标人编制报价文件过程中不必要的失误。如果涉及多处报价文件的修改，可在澄清文件中添加修改后报价文件的附件，并强调以修改后的报价文件为准。

案例九　开 标 现 场 异 议

案例情景

① A 公司在开标现场提出对招标文件评标办法的异议。

② 国网新源集团目前在国家电网有限公司电子商务平台采用电子化开标，投标人在投标截止时间前将投标函、报价文件上传至电子商务平台，投标报价文件将在投标截止时间起开始解密，开标内容通过招标人招投标信息系统向所有投标人公示。B 公司在开标现场提出开标记录中显示的报价与报价文件中的投标报价不一致，招标代理机构工作人员如实记录情况，在评标环节由评标委员会评审后作出决定。

解读分析

《中华人民共和国招标投标法实施条例》第二十二条规定：**潜在投标人或者其他利害关系人对资格预审文件有异议的，应当在提交资格预审申请文件截止时间 2 日前提出；对招标文件有异议的，应当在投标截止时间 10 日前提出。**招标人应当自收到异议之日起 3 日内作出答复；作出答复前，应当暂停招标投标活动。

案例①中 A 公司对评标办法提出异议，评标办法是招标文件的组成部分之一，属于对招标文件的异议，因此 A 公司异议不成立。招标代理机构工作人员当场给予解释说明：对招标文件内容的异议，应当在投标截止时间 10 日前提出，不应在开标现场提出。

根据《中华人民共和国招标投标法实施条例》第四十四条规定：投标人对开标有异议的，应当在开标现场提出，招标人应当当场作出答复，并制作记录。

案例②中 B 公司提出开标记录中显示的报价与报价文件中的投标报价不一致，招标代理工作人员应将具体情况如实记录，并告知所有投标人该问题将由评标委员会在评标阶段予以处理。

开标现场投标人异议成立的，招标代理机构应提交评标委员会评审确认，招标代理机构只负责将投标文件的主要内容进行公开，无权对投标文件作出现场评判，更无权否决投标。开标现场投标人异议不成立的，招标人应当场给予解释说明。异议和答复应记入开标记录，以便开展备查工作。

📋 延伸阅读

开标是招投标活动应当遵循的公开原则的体现，以确保投标人提交的投标文件与提交评标委员会评审的投标文件是同一份文件。要如实公布和记录开标过程以及投标文件的唱标内容，以加强招标人和投标人之间，以及投标人与投标人相互之间的监督管理。

开标现场异议包括投标文件提交、截标时间、开标程序、投标文件密封检查和开封、唱标内容、开标记录等。对于开标中的问题，投标人认为不符合有关规定的，应当在开标现场提出异议。

开标时，工作人员只能对投标文件的部分内容进行宣读和公示，达到公开、公平、公正的目的。即使在开标时发现投标文件中有内容相互矛盾，工作人员也只能宣读和记录，不能要求投标人对投标文件进行现场澄清，而应当留至评标阶段由评标委员会进行处理。如果工作人员越权进行澄清，不但会影响评标委员会工作的正常开展，还可能侵犯其他投标人的合法权益。

案例十　资格预审阶段，资格预审申请文件是否进行公开开标

案例情景

A 公司在提交资格预审申请文件后，提出应当对资格预审申请文件进行公开开标。

解读分析

资格预审程序中，招标人采用资格预审招标，首先对潜在投标人进行资格审查，目的是确定具有投标资格的资格预审申请人，属于招投标程序的准备阶段。此阶段招标文件尚未发出，资格预审申请人提交的是资格预审申请文件，不是投标文件。招标投标法律规定的开标是按照招标文件规定的时间、地点，对投标报价等基本信息进行公开的程序。因此，资格预审阶段，不需要进行公开开标程序。

延伸阅读

资格审查方式分为资格预审和资格后审。所谓资格预审是指招标人在发售招标文件前，按照资格预审文件确定的资格条件、标准和方法对潜在投标人订立合同的资格和履行合同的能力等信息进行审查。资格预审的目的是筛选出满足招标项目所需资格、能力和有参与招标项目投标意愿的潜在投标人，最大限度地调动投标人挖掘潜能，提高竞争效果。对潜在投标人数量过多或者大型复杂等单一特征明显的项目，以及投标文件编制成本高的项目，资格预审还可以有效降低招投标的社会成本，提高评标效率。所谓资格后审，是指开标后由评标委员会按照招标文件规定的标准和方法对投标人的资格进行审查。

第四章

评标阶段典型案例

　　评标工作是招投标采购活动过程中的一个重要环节,评标工作的质量决定能否选择到优质的供应商。在评标过程中,确保评审专家的工作质量,是能否依据招标文件规定的评审办法客观专业地对投标文件内容进行评审的关键。本章从投标主体、业绩要求、文件格式、技术参数等内容的规定和要求等十部分内容选取典型案例进行剖析。

案例一 联合体投标否决投标情形

📋 **案例情景**

某公司电缆综合治理工程项目招标公告资质要求：

"一、资质要求：（1）接受联合体投标。（2）具有住房城乡建设主管部门颁发的电力工程施工总承包一级及以上资质，或水利水电工程施工总承包三级及以上资质，或水利水电机电安装工程专业承包一级资质。（3）具有住房城乡建设主管部门颁发的消防设施工程专业承包二级及以上资质。（4）具有住房城乡建设主管部门颁发的安全生产许可证。（5）项目经理应具有安全资格证书（B证）。二、业绩要求：20××年1月1日至投标截止日期间（近3年），具有发电厂或变电站电缆治理施工业绩。"

① A、B、C公司组成联合体投标，A公司具有电力工程施工总承包一级资质，未提供电缆治理施工业绩。B公司具有消防设施工程专业承包二级资质，未提供电缆治理施工业绩。C公司无电力工程施工总承包三级资质和消防设施工程专业承包资质，具有电缆治理施工业绩。联合体协议书中约定各成员内部的职责分工为：A公司和C公司承担电缆施工内容，B公司承担消防设施施工内容。

② D、E公司组成联合体投标，联合体协议书中无联合体各成员单位内部的职责分工，未明确约定各方拟承担的工作和责任。

③ F、G公司组成联合体投标，F公司具有电力工程施工总承包一级资质，G公司具有消防设施工程专业承包一级资质。联合体协议书中联合体各成员单位内部的职责分工为：F公司负责本项目的材料采购、现场施工、施工过程所需资料的编制及提交。G公司负责本项目施工过程中的协调及技术指导工作，并在必要的情况下提供人力、物力、财力等各方面的支持。

④ H、I 公司组成联合体投标，H 公司具有电力工程施工总承包一级资质，I 公司具有消防设施工程专业承包二级资质。联合体协议书中联合体各成员单位内部的职责分工为"项目经理为 H 公司许某，安全专职员为 H 公司李某，技术负责人为 I 公司李某"。

解读分析

《中华人民共和国招标投标法》第三十一条规定：**两个以上法人或者其他组织可以组成一个联合体，以一个投标人的身份共同投标。联合体各方均应当具备承担招标项目的相应能力；国家有关规定或者招标文件对投标人资格条件有规定的，联合体各方均应当具备规定的相应资格条件。由同一专业的单位组成的联合体，按照资质等级较低的单位确定资质等级。**

案例①中 A、B 公司业绩不满足招标公告要求，因此与具有满足招标公告业绩要求的 C 公司组成联合体投标。A 公司和 C 公司为同一专业，资质等级按 C 公司的确定，联合体成员不具备承担招标项目所需的相应资格条件和能力，即不具备满足联合体协议书约定的成员分工所需的资格条件和能力。

案例②联合体协议书中未明确联合体成员之间分工，为无效的联合体协议书。

案例③联合体各成员单位的职责分工不符合相应联合体成员单位资质的承揽范围。

案例④联合体协议书中联合体成员分工为成员内部人员的分工，并非联合体成员单位之间的分工。为无效的联合体协议书。

防控措施

各单位或公司在通过联合体的形式开展投标工作时，需要规避以下几种情形，避免出现联合体投标被否决：

（1）招标文件明确规定不接受联合体投标的，如果组成联合体投标，则该投标无效。

（2）招标人接受联合体投标，但联合体不具备招标文件要求的资格条件、未提交有效的联合体协议或者不具备承担招标项目的能力的。

（3）联合体各方在同一招标项目中同时以自己名义单独投标或者参加其他联合体投标的。

（4）招标人接受联合体投标并进行资格预审的，联合体应当在提交资格预审申请文件前组成。资格预审后联合体增减、更换成员的，投标文件将被否决。

延伸阅读

两个以上的法人或者其他组织可以组成一个联合体，以一个投标人的身份共同投标。对投标人而言，组成联合体能够增强投标竞争力和中标后的履约能力，弥补联合体有关成员技术力量的相对不足，达到强强联合和优势互补的效果。但在实际投标中，依然存在投标人对联合体定义理解不明确，导致投标文件被否决的情况。因此，各单位或公司需要加强各类联合体否决投标情形的敏感度，规避相应失误。

案例二 投标文件中使用投标专用章代替公章

案例情景

在某项目评标过程中，A 公司递交的投标文件均未加盖单位公章，而是用投标专用章代替，但投标文件中缺少投标专用章与单位公章具有同等法律效力的证明文件。评标委员会否决了 A 公司的投标。

同一项目中，B 公司递交的投标文件中，提供了投标专用章与单位公章具有同等法律效力的证明文件，但证明文件只加盖了投标专用章，未加盖投标单位公章，经评标委员会评审，认定 B 公司提供的投标专用章与单位公章具有同等法律效力的证明文件无效，否决了 B 公司的投标。

解读分析

招标文件规定投标人如在投标文件中使用投标专用章，应提供加盖投标单位公章以说明该投标专用章与公章具备同等效力的证明文件，否则视为无效投标。

公章与投标专用章的法律效力并不等同，公章在适用范围、行为效力上大于投标专用章。因此，投标文件的盖章原则上应使用投标人公章。

若招标文件中明确规定，允许投标人出具"投标专用章与单位公章具有一致效力"的证明文件（该文件本身应加盖单位公章），并在投标文件中使用投标专用章的，投标人可以在投标活动中使用投标专用章代替单位公章。

延伸阅读

需要注意的是，授权委托书需加盖单位公章，不得使用投标专用章代替。

《中华人民共和国民法通则》第六十五条规定：民事法律行为的委托代理，可以用书面形式，也可以用口头形式。法律规定用书面形式的，应当用书面形式。

书面委托代理的授权委托书应当载明代理人的姓名或者名称、代理事项、权限和期间，并由委托人签名或者盖章。

委托书授权不明的，被代理人应当向第三人承担民事责任，代理人负连带责任。

案例三　制造商委托两个及以上代理商对同一品牌同一型号货物进行投标

案例情景

某招标项目允许代理商投标，根据招标文件要求，投标人资格证明文件应当包括原厂商的授权委托书，投标人 A 公司和 B 公司提交的投标文件中，都包含 C 制造商对于同一品牌同一型号货物的授权委托书。经评审，评标委员会对 A 公司和 B 公司的投标予以否决。

解读分析

《工程建设项目货物招标投标办法》第三十二条规定：投标人是响应招标、参加投标竞争的法人或者其他组织。法定代表人为同一个人的两个及两个以上法人，母公司、全资子公司及其控股公司，都不得在同一货物招标中同时投标。**一个制造商对同一品牌同一型号的货物，仅能委托一个代理商参加投标，否则应作废标处理。**

案例中提到的是一个接受代理商投标的项目，在这种情况下，对于同一品牌同一型号的货物，一个制造商仅能委托一个代理商参加投标，如有两个及以上代理商参加投标的，相关代理商将均被否决。

延伸阅读

除此之外，本着公平公正的原则，制造商不能与其授权委托代理商同时参与同一标包的投标。

案例四　法人的分支机构参加投标

案例情景

① A 公司、B 公司均为 C 公司的分公司，A、B 公司同时参加同一项目的投标。A、B 公司均被否决。

② D 公司为 E 公司的分公司，投标文件中总公司 E 对分公司 D 出具了授权书，明确表示总公司同意分公司参与本项目的投标，并在投标和合同执行中提供人力、物力、资金等各方面的支持。D 公司可以参加投标。

解读分析

案例①中，A 公司和 B 公司均为 C 公司的分公司，A 公司和 B 公司不得参加同一标段投标。同一法人的若干个分支机构不能参加同一招标项目的投标，法律虽然未禁止分支机构参与投标，但其仅作为法人的组成部分，无独立法人资格，受控于所属的法人，其投标行为的民事责任最终是需要法人来承担。如同一法人下属的若干个分支机构同时来投标，等于一个法人提交了多份投标文件，这对其他投标人是不公平的。因此，对同一招标项目，同一投标人只能有一个分支机构代表其参与投标。

案例②中，D 公司为 E 公司的分公司，总公司 E 对分公司 D 出具了授权书。招标文件中规定："若投标人为分公司，应出具总公司对分公司的有效授权，明确表示总公司同意分公司参与本项目的投标，并在投标和合同执行中提供人力、物力、资金等各方面的支持"。法人的分支机构是法人的组成部分，不具有独立的法人资格。法人的分支机构同时具备下列条件的，属于法律规定的"其他组织"，可以独立参加投标：① 由法人依法设立；② 领取营业执照。

因此 D 公司可以独立参加投标。

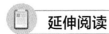 **延伸阅读**

　　法人的分支机构是法人的组成部分，不具有独立的法人资格，属于《中华人民共和国招标投标法》规定的"其他组织"。

　　《中华人民共和国招标投标法实施条例》第三十四条规定：与招标人存在利害关系可能影响招标公正性的法人、其他组织或者个人，不得参加投标。**单位负责人为同一人或者存在控股、管理关系的不同单位，不得参加同一标段投标或者未划分标段的同一招标项目投标。**违反前两款规定的，相关投标均无效。

　　《中华人民共和国公司法》第十四条规定：**公司可以设立分公司。设立分公司，应当向公司登记机关申请登记，领取营业执照。分公司不具有法人资格，其民事责任由公司承担。**公司可以设立子公司，子公司具有法人资格，依法独立承担民事责任。

案例五　子公司使用母公司资质业绩进行投标

案例情景

某水电站 500kV 电气设备预防性试验服务项目，招标公告专用资格要求为"一、资质要求：具有电力监管部门或国家能源局颁发的承装（修、试）电力设施许可证，其许可类别含承试一级；二、业绩要求：20××年 1 月 1 日至投标截止日期间（近 3 年），具有 500kV 及以上电气设备预防性试验服务业绩。"

评审过程中评标专家发现 B 公司投标文件中所附的资质证明材料和业绩证明材料中的单位名称均为 B 公司的母公司 A，且投标文件中附了 A 公司与 B 公司关系说明的文件。评标委员会否决了 B 公司的投标。

解读分析

案例中 B 公司和 A 公司均是可以独立参与投标活动的主体，B 公司和 A 公司的资质和业绩不可混用。招标公告要求的资格业绩是对投标人 B 公司的，而 B 公司仅在投标文件中提供 A 公司的资质和业绩证明材料，评标委员会一致认为投标文件未提供 B 公司的资质和业绩证明材料，将其投标文件否决。

投标人在投标文件中提供的证明材料应是证明其自身资质能力、财务状况、履约状况、生产能力、技术水平、人员配置、产品性能等的证明材料。未按招标文件要求提供证明材料的投标文件，符合否决投标条件的，应按招标文件的规定予以否决。

📋 **延伸阅读**

　　《中华人民共和国公司法》第十四条规定：公司可以设立分公司。设立分公司，应当向公司登记机关申请登记，领取营业执照。分公司不具有法人资格，其民事责任由公司承担。**公司可以设立子公司，子公司具有法人资格，依法独立承担民事责任。**故在招投标活动中，母公司和子公司是两个独立的公司，各自具有独立的法人资格，各自具有独自参与招投标活动的能力。

案例六 评标专家在评审过程中针对同一问题存在分歧

案例情景

某项目所属的批次编号为 462231，批次项目名称为某单位 2022 年第三次物资招标采购，该项目的招标编号为 462231-9004001-W0××，项目名称为某电站操作平台购置。

本项目中投标人 A、投标人 B、投标人 C 均以投标保证保险的形式递交的投标保证金，其中投标人 A 提交的保单信息中项目招标编号为 462231-9004001-W0××，项目名称为某单位 2022 年第三次物资招标采购；投标人 B 提交的保单信息中项目招标编号为 462231，项目名称为某电站操作平台购置；投标人 C 提交的保单信息中项目招标编号为 462231，项目名称为某单位 2022 年第三次物资招标采购。

解读分析

招标文件第三章评标办法前附表之二否决情形（14）为：

未按招标文件要求提交投标保证金；以银行汇款形式提供的投标保证金未提供从投标人基本账户转出有效证明的（未提供有效证明是指未提供企业银行基本账户开户许可证复印件，也未提供投标人基本账户开户行通过账户管理系统打印的《基本存款账户信息》复印件）；以银行保函、投标保证保险形式提交的投标保证金不满足招标文件要求的（如对上述格式文件进行实质性修改或未按格式进行签署）。

本案例中投标人 A 的保单信息中项目招标编号准确，但项目名称填写成了批次项目名称；投标人 B 的保单信息中项目招标编号填写成了批次项目编号，项目名称准确；投标人 C 的保单信息中项目招标编号填写成了批次项目编号，项目名称填写成了批次项目名称。专家 D 认为投标人 A、投标人 B、投标人 C 提交的保单信息均非完全准确，应该依据招标文件规定的否决情况作否决处理；专家 E 认为投标人 A 和投标人 B 提交的保单信息虽并非与本项目招标编号和项目名称完全一致，但根据保单信息均能够唯一确定其对应的招标项目，但依据投标人 C 提交的保单信息无法唯一确定其对应的招标项目，因此专家 E 认为投标人 A 和投标人 B 的保单有效，投标人 C 的保单无效。

经评委会讨论，一致认为如果投标人的保单能够实现理赔作用的，即可认定有效，否则无效。

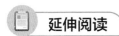 **延伸阅读**

法定代表人授权委托书中的信息也包含项目的招标编号及项目名称，如果投标人提交的法定代表人授权委托书中的招标编号为批次编号，项目名称为批次名称，则认为该授权委托书是对该批次所有项目的授权，故认定有效。

案例七　投标报价数值与货币单位不对应

案例情景

某水电站发电机磁极挡块原位检测技术服务项目，投标人 A 公司在利用离线投标工具编制报价文件并上传到电子商务平台的过程中，未注意离线投标工具中的价格单位，误将投标报价 3280000 元报成 3280000 万元，开标时电子商务平台显示投标人 A 公司投标报价为 3280000 万元。进入评标环节后，评标委员会否决了投标人 A 公司的投标。

解读分析

招标文件第三章评审办法 2.1 规定：

投标人有下列情形之一的，其投标将被否决：（23）投标人的投标价格出现数值与货币单位不对应，即出现了明显的十倍至万倍于正常水平的报价的（如把"投标函价格表"中的"万元"当成"元"进行报价）。

案例中投标人 A 公司投标函价格表中投标报价 3280000 万元，明显万倍于其他投标人的平均报价水平，评标委员会依据招标文件规定的否决情形否决了 A 公司的投标。

防控措施

在招标人编制招标文件时，可在招标文件明显位置处提醒投标人注意电子商务平台报价单位，以减少投标人不必要的失误。

延伸阅读

由于国网新源集团招标项目的特殊性，ERP 现有物料不能完全覆盖公开招标项目采购需求，且服务类项目往往采用 1 条物料概括项目的招标范围，不够详细，故 ERP 物料适配性较差。招标采购申报采购计划时，在 ERP 选用物料时部分招标人会选择相近的物料，电子商务平台生成的货物清单非需求单位的真实需求表达，而离线投标工具生成的报价文件也非需求单位的真实需求表达。鉴于此种情况，国网新源集团招标采购做了 Excel 表格的报价文件以告知投标人需求单位的真实需求及详细组成。在编制招标文件、投标文件时应以 Excel 版的报价文件为准，Excel 版报价文件须与离线投标工具生成报价文件的投标总价保持一致。

案例八 开标价格和投标报价汇总表中报价前后不一致

案例情景

A 公司在参加承包方式为单价承包的某服务项目投标时，其开标价格为 456 万元，报价文件中的投标价格为 450 万元。

解读分析

招标文件第三章评标办法规定：

投标报价有算术错误的，评标委员会按以下原则对投标报价进行修正：① 投标文件中的大写金额与小写金额不一致的，以大写金额为准。② 总价承包项目的单价与数量的乘积与该项目的合价不吻合时，应以合价为准，改正单价。③ 单价承包项目的单价与数量的乘积与该项目的合价不吻合时，应以单价为准，改正合价。但经招标人与投标人共同核对后认为单价有明显的小数点错误时，则应以合价为准，改正单价。④ 若投标报价汇总表中的金额与相应的各分项报价的合计金额不吻合时，应以修正算术错误后的各分项报价的合计金额为准，改正投标报价汇总表中相应部分的金额和投标总报价。

案例中投标人 A 公司开标价格与报价文件中的投标价格不一致，评委会成员应在评标时严格按照招标文件规定的价格修正原则对投标报价进行修正，并以澄清方式通过招投标交易平台信息系统要求投标人对调整后的报价予以确认，投标人回复确认的，应继续对调整后的报价进行评审；投标人不接受修正后的报价，则否决其投标。

📋 **延伸阅读**

招标文件第三章评标办法前附表之二否决情形（15）为：

招标文件中明确规定了最高限价，投标人的投标价格超过最高限价的。

招标文件第三章评标办法前附表之二否决情形（46）为：

修正后的投标报价超出开标价格±5%的。

对于修正后的投标报价超过招标文件设定的最高限价或投标报价的修正值超出开标价格±5%的，评审委员会依照评审办法将其否决。

案例九 未按报价格式进行报价

案例情景

1. 投标人 A 的报价文件内容为空；

2. 某一项目报价文件中某一条目数量单位为×，投标人 B 提交的报价文件对该条目数量单位进行了修改；

3. 某一项目报价文件分项 1 的报价条目为 1-1~1-6，投标人 C 提交的报价文件分项 1 的报价条目在原有的基础上增加了 1-7 和 1-8。

解读分析

招标文件第三章评标办法前附表之二否决情形（49）为：

投标报价文件出现下列情况之一的：① 电子商务平台上传的报价文件未按招标文件要求提供投标报价汇总表或分项报价表等表格的；② 报价表插入行、列或单元格，导致报价文件增项的；③ 报价文件插入、删除或合并行、列或单元格，导致报价文件缺漏项的；④ 修改报价文件中"项目名称""分项名称""单位""数量"的；⑤ 其他改变报价文件实质性内容的。

案例 1 中投标人 A 报价文件内容为空、案例②中投标人 B 修改招标文件中报价条目数量值、案例③中投标人 C 增加招标文件中报价条目数量，三个案例均改变了报价文件中的实质性内容，评标委员会依据招标文件规定的否决情形否决了投标人 A、投标人 B、投标人 C 的投标。

防控措施

对于存在以澄清方式替换报价文件的项目，投标人务必要使用替换后的报价文件进行投标，避免因报价文件格式或者内容的修改而被否决。

案例十　投标文件提出招标人不能接受的条件或偏差

案例情景

1. 某水电站发电机上、下挡风板购置项目，招标文件合同条款规定：① 合同价格分预付款、到货款、投运款和质保金四次支付，支付比例为 0:0:9.5:0.5。② 在质量保证期内合同货物出现质量问题，卖方接到通知后须在 48 小时内到达现场进行处置。

投标人 A 的投标文件偏差表提出偏差如下：① 合同价格分预付款、到货款、投运款和质保金四次支付，支付比例为 3:6.5:0:0.5。② 在质量保证期内合同货物出现质量问题，卖方接到通知后在 96 小时内响应。

评标委员会认为 A 投标人的投标文件对招标文件提出了不能接受的重大偏差，A 公司的投标被否决。

2. 某电站电缆治理防火材料购置项目，招标文件技术规范规定："有机防火堵料规格 DFD-Ⅲ（A），无机防火堵料规格 SFD-Ⅱ，防火涂料规格 G60-3，防火包规格 PFB-720，耐火隔板规格 EFW-A"。

B 公司的投标文件技术文件响应："有机防火堵料规格 DR-A3-YHD-Ⅱ，无机防火堵料规格 DW-A3-WHD-Ⅱ，防火涂料规格 DFT-02，防火包规格 DB-A3-FHB-Ⅱ，耐火隔板规格 DC-A1-WJB-100"。

评标委员会认为 B 投标人的投标文件对招标文件提出了不能接受的重大偏差，B 公司的投标被否决。

3. 某电站物业服务项目，招标文件技术规范规定："服务期为自合同签订之日起至××年 6 月 30 日"。

C 公司的投标文件技术文件响应："服务期为自合同签订之日起至××年

12 月 31 日"。

评标委员会认为 C 投标人的投标文件对招标文件提出了不能接受的重大偏差，C 公司的投标被否决。

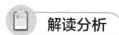 **解读分析**

招标文件第三章规定："投标人有下列情形之一的，其投标将被否决：（7）投标人提出招标人不能接受的条件或偏差的。"

案例 1 中的付款比例、售后响应时间，案例 2 中货物的规格以及案例 3 中项目的服务期属于招标文件规定的实质性内容，投标文件不响应或响应存在重大偏差的，评标委员会依据招标文件的规定否决该投标文件。

此外，招标文件中货物关键参数/技术标准、供货期/工期/服务期、支付方式/比例、质保期、投标有效期等均属于招标文件规定的实质性内容，投标人必须满足，否则可能导致耽误生产进度、影响生产安全、影响设备寿命、带来合同纠纷等严重问题。

延伸阅读

投标文件非实质性问题方面未完全响应招标文件规定，但不属于否决投标条件规定的情形的，不应否决其投标，评标委员会可在详评时依据详评模板中的打分细则对该投标人的投标文件进行打分。

第五章

发布中标结果公示阶段
典型案例

对于采取公开方式开展招标采购活动的，招标采购代理机构根据定标结果，编制中标候选人公示文件，并在规定的媒介上发布公示文件，公示期不少于 3 日。公示时间、公示期间异议的接受与处理应严格执行法律法规的规定。本章包含公示期间存在中标候选人应否未否、中标候选人主动放弃中标资格、公示期间中标候选人被列为不良供应商等五部分案例，为处理相关异议提供借鉴。

案例一　中标候选人的投标文件
应否决未否决的

案例情景

　　某工程项目，A 公司为中标候选人，招标代理机构发布了中标候选人公示。公示期内，B 公司对中标候选人 A 公司中标候选人资格提出异议。异议指出：A 公司不满足招标公告专用资格要求中的资质要求，其投标文件应当被否决。

　　经核实，招标文件资格要求"具有住房城乡建设主管部门颁发的水利水电工程施工总承包三级及以上资质，或建筑工程施工总承包三级及以上资质，或市政公用工程施工总承包三级及以上资质"。A 公司提供了其住房城乡建设主管部门颁发的水利水电工程施工总承包二级资质，但证书有效期在本项目开标时间前已过期，A 公司提供的资质证书材料无效，且投标文件未附任何说明材料，其投标文件应当被否决。该项目取消 A 公司中标候选人资格。

解读分析

　　在案例中，A 公司资质证书已于投标截止时间前超过有效期，故证书无效，符合招标文件否决条款：投标人不满足本次招标文件要求的投标人资格条件的。由于评标专家在评标过程中未及时发现 A 公司资质证书过期不满足招标公告资格要求，根据《国家电网有限公司采购业务实施细则》第八十九条规定：对于公示期间收到投标人或其他利害关系人异议的，经招标采购代理机构核实属实后，需要作流标处理的，应由采购管理部门发起流标审批，由专业部门、法律部门会签，经招投标领导小组办公室审批后作流标处理，取消中标候选人中标资格，并向招投标领导小组汇报备案。该项目发布采购失败公告后重新履行采购程序。

 防控措施

目前,评审机制为每个评标小组设置两位组长,组长对组内所有专家的评审情况进行复核,避免由于评标专家工作失误导致招标失败的情况发生。同时,初步评审结束后,代理机构采购专责组织对各组初评情况进行横向对比,确保组内之间和各组之间评审原则保持一致,避免否决错误或应否未否的情况发生。

案例二 中标候选人主动放弃中标资格

案例情景

某抽水蓄能电站直流系统设备购置项目，A 公司在中标候选人公示后第 2 天发出中标候选人放弃中标资格的声明。声明指出：由于此项目进口零部件进口渠道受阻，导致设备无法按时生产，且具体恢复日期尚无法确定，目前已经不具备承担直流系统设备购置的能力，故要求放弃中标候选人资格。

解读分析

在本案例中，A 公司其进口零部件进口渠道受阻，导致设备无法按时生产，无法按照招标文件要求在合同执行阶段为投标人提供相应的服务。中标候选人公示发布后，A 公司发现自己成为该项目的中标候选人，但其本身已经不具备承担该项目的能力，故其向招标代理机构递交了放弃中标候选人资格的说明。由于 A 公司放弃了中标候选人资格，导致招标人需要重新采购直流系统设备购置项目，延迟了该项目实施期限。

延伸阅读

根据《中华人民共和国招标投标法实施条例》第五十五条规定：国有资金占控股或者主导地位的依法必须进行招标的项目，招标人应当确定排名第一的中标候选人为中标人。排名第一的中标候选人放弃中标、因不可抗力不能履行合同、不按照招标文件要求提交履约保证金，或者被查实存在影响中标结果的违法行为等情形，不符合中标条件的，招标人可以按照评标委员会提出的中标候选人名单排序依次确定其他中标候选人为中标人，也可以重新招标。

如招标文件有规定，招标人可以扣除该中标候选人的投标保证金。

案例三　在投标截止时间后，发布中标结果公告前，中标候选人被列为不良供应商的

📋 案例情景

某电缆购置项目，A 公司被推荐为中标候选人，在中标候选人公示期间无异议，在公示期结束后，招标代理机构发布中标结果公告，确定 A 公司为该项目中标人。在合同签订后，招标人发现 A 公司在中标结果公示期间因存在不良行为，被国家电网有限公司给予暂停中标资格 6 个月的处罚。

📋 解读分析

在本案例中，A 公司在该电缆购置项目中标候选人公示期间被国家电网有限公司给予暂停中标资格 6 个月的处罚。根据招标文件规定：若投标人存在导致其被暂停中标资格或取消中标资格的不良行为且在处理有效期内的，不得参加相应项目的投标。在评标期间，评标专家仅对投标截止时间前投标人是否被国家电网有限公司列为不良供应商进行评审，而对投标截止时间后的不良行为处理情况无法进行评审。根据国家电网有限公司不良行为处罚决定，A 公司在此期间被列为不良供应商的，属于不满足招标文件规定的投标人资格条件的情形，故应取消 A 公司中标资格，并重新进行招标。

📋 防控措施

在中标结果公告前，招标代理机构应组织对中标候选人是否存在不良行为进行再次筛查，以确保中标人满足招标文件要求的投标人资格条件的情形。

案例四　异议中标候选人投标文件未响应技术参数要求的（非★条款）

案例情景

某监控系统购置项目中，A 公司被推荐为中标候选人，招标代理机构发布了中标候选人公示。公示期内，B 公司对中标候选人 A 公司投标文件的响应性提出异议。B 公司经查询 A 公司官网产品介绍，认为其所投显示器屏幕分辨率不能满足招标文件技术参数的要求，不具备中标资格。

解读分析

经核实，招标文件对显示器屏幕分辨率要求为 2160×1080，中标候选人响应为 720×1400，但招标文件中，该项参数未标识★。招标文件规定：投标文件主要技术参数（技术规范中标识★的参数）、投标文件一般技术参数超出允许偏差的最大范围的，其投标将被否决。在该项目中，该项参数未标识★，也未明确显示器屏幕分辨率参数允许的最大偏差，经评标专家评审，认为 A 公司对该参数响应内容不属于实质性偏差。

延伸阅读

在招标文件编制过程中，技术要点为招标文件技术部分重要条款，是招标项目实施的重点、难点。招标人应将招标项目的实质性条款、重要技术参数等内容不加修改的编列在技术要点中，以供投标人重点响应，同时应将实质性的技术参数列为★条款，以避免投标人未严格响应进而对后期合同履约造成影响。

案例五　异议内容为询问评标过程信息或其他投标人信息的

案例情景

　　某物业服务项目，确定 A 公司为中标候选人，招标代理机构发布了中标候选人公示。公示期内，招标代理机构收到了 B 公司发来的对中标候选人的异议。B 公司提出按照开标价格计算，其价格分排名第一，具有非常大的竞争优势，但最后未中标，请问招标代理机构未中标原因。招标代理机构收到异议后，于收到异议当日进行了回复，向 B 公司解释了招标文件评标原则和授标原则，B 公司未中标原因是其综合得分排序不是第一名。在收到招标机构对异议的答复后，B 公司继续发来异议函，要求公开参与本项目的合格投标人数量以及商务、技术和价格分数各是多少，以确保评审结果公开透明。招标代理机构收到此异议后，与 B 公司进行了电话沟通，告知其本项目的评审详情属于法律规定的保密内容，不能对外泄露。B 公司表示了认可。

解读分析

　　在本案例中，B 公司按照中标候选人公示上列明的提出异议渠道和方式向在中标候选人公示期间发来异议，招标代理机构应予以受理。

　　B 公司发来的第一个异议的原因是其对招标文件评标原则和授标原则理解有误。按照招标文件列明的评标办法，仅通过符合性检查的投标人参与价格算分，且评标过程中可能存在价格修正，所以按照开标现场的投标报价和投标人数量计算价格分是不准确的。另外，按照招标文件载明的评标办法，投标人的技术、商务、价格加权得分为投标人的综合得分，评委会推荐综合得分第一的投标人为中标候选人。

B 公司发来的第二个异议内容为询问评标过程信息。根据《中华人民共和国招标投标法》第四十四条规定：**评标委员会成员应当客观、公正地履行职务，遵守职业道德，对所提出的评审意见承担个人责任。评标委员会成员不得私下接触投标人，不得收受投标人的财物或者其他好处。评标委员会成员和参与评标的有关工作人员不得透露对投标文件的评审和比较、中标候选人的推荐情况以及与评标有关的其他情况。**招标代理机构向 B 公司说明了《中华人民共和国招标投标法》关于评标过程信息保密的规定，B 公司予以认可。

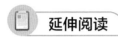
延伸阅读

为了提高投标人投标文件编制的质量和水平，减少评标过程中投标文件的否决数量，充分提高招标活动的竞争性，招标代理机构在发布中标结果后，应通过电子商务平台告知投标人其详细否决原因，以便其在后续参加投标活动中予以注意。